アラン・オーストンの標本ラベル

幕末から明治、海を渡ったニッポンの動物たち

国立科学博物館
川田伸一郎

ブックマン社

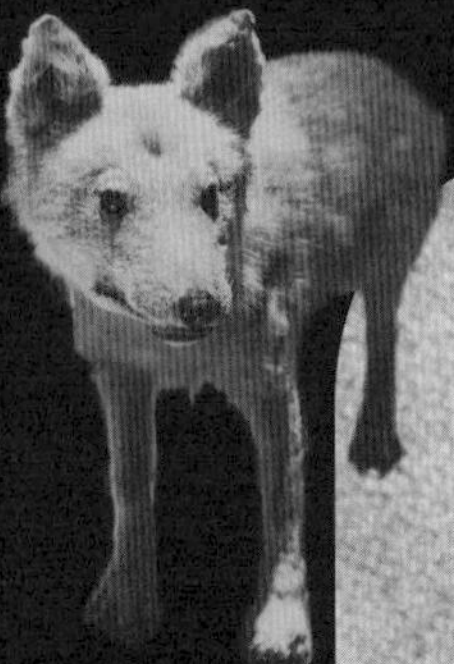

（提供：一般社団法人 横浜ヨット協会）

Alan Owston

1853-1915

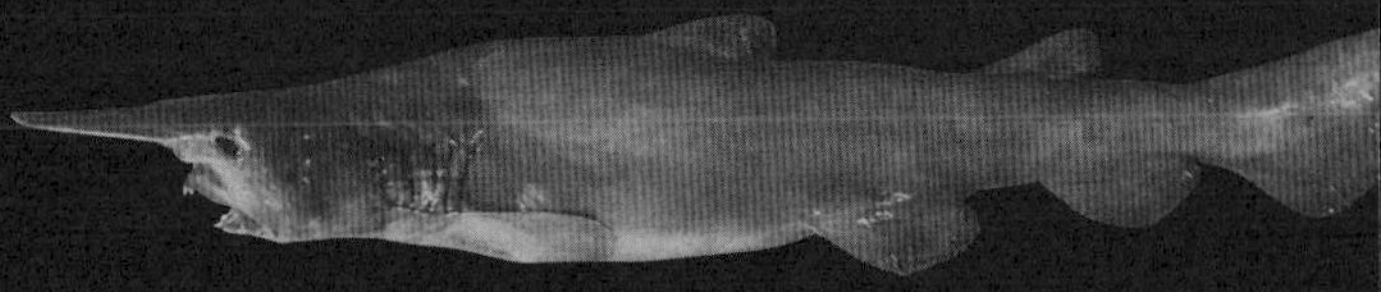

アラン・オーストン。

明治の横浜で貿易会社を営み、
標本商としても活躍した
この英国人の功績を知る人は
どのくらいいるだろうか。

彼はひとつに、世にも珍しい深海のサメ
ミツクリザメの学名にその名を刻み、
ひとつに、奄美の美麗な鳥
ルリカケスの再発見に貢献し、
ひとつに、幻の絶滅海獣ニホンアシカの標本を
イギリスの大博物館にもたらし、
まだ世界に知られていなかった
極東アジアの魅惑的な動物たちを
欧米諸国へ発信し続けた。

日本の動物学の発展に多大な影響を与えながら、
永らく歴史の影に埋もれていた人物である。

その彼が残したモグラの剥製標本と、
付帯した不可解な日本語のラベルが、
とある日本人モグラ研究者によって発見された。

この標本は、いつ、誰の手で、どういう経緯で、
今ここに収められているのか……?

そして見えてきた、
財閥ロスチャイルドとの関係と
未開の島に送られた謎の日本人採集人の存在。

一〇〇年の時を超えて
二人のナチュラリストが交錯する!

目次

序章

あるモグラの標本ラベルが、僕とアラン・オーストンを引き合わせた

二〇〇四年十月二十九日、茨城県つくば市を訪問した僕は、長く抱え込んだ研究課題と貧乏生活に疲弊しきっていた。この年は僕にとって学生最後となる年で、しかしこのときはそんなことは露とも知らず、研究活動をなんとか継続させるために無茶な生活をしていたのだ。

二〇〇二年三月に僕は名古屋大学で農学博士の学位を取得したが、「博士」になろうがなるまいが、研究で生活を成り立たせるのは困難なことだと知った。博士論文の内容は、世界中のモグラ類（学術的には哺乳綱食虫目モグラ科に含まれる動物だが、本書ではそんなことはどうでもよい）の染色体を調査して種間で比較するものだったが、「モグラ」とか「染色体」といったキーワードで研究職が得られるものではない。その頃は大学に研究生として残りながら、細々と研究活動を続けていた。大学院生時代よりも安いとはいえ、授業料と呼ばれる在籍証明のためのお金を払い（といっても授

食虫目
この分類群名は近年ではトガリネズミ形目や真無盲腸目と呼ばれるようになったが、その経緯をここで説明すると長くなる。「食虫目」という名称はわかりやすくて僕のお気に入りなので、本書ではこの語を使用することにする。

業らしいものはないが）、それを捻出するために身体障害者療護施設で夜勤専門の非常勤職員として働き、寝る時間を犠牲にして、暗い未来に向かって悩み歩いていた。

この頃の僕の最大の関心事といえば、台湾の山地に生息する謎のモグラに関することである。僕はこれを二〇〇一年十一月に台湾の最高峰「玉山《ユイシャン》」の二八〇〇メートル地点で捕獲した。その後このモグラは、この地域の平野部に生息するタイワンモグラ*Mogera insularis*という種とはどうやら異なることがわかってきて、なんとかして新種記載すべく分析標本数を増やすための調査を行っていた。二〇〇三年にはアメリカのワシントンD.C.にあるスミソニアン国立自然史博物館やニューヨークのアメリカ自然史博物館で標本調査を行い、国内にはほとんど所蔵がない台湾産や中国産のモグラについてデータを収集した。「貧乏学生を装いながら、アメリカで標本調査なんて豪勢な」と言われそうだが、幸いにも指導教官だった織田《おだ》銑一《せんいち》先生は僕が日々苦労して自分の研究以外にもたくさんの雑務をこなしているのを高く評価してくれていた。それで海外に調査に行くときには何かと支援してくださっていたのである。さらに世界的な大博物館であるイギリスの大英自然史博物館でも標本調査を予定していたが、つくば市に所在する森林総合研究所にも台湾産と思われるモグラの標本があると同研究

授業料と呼ばれる在籍証明のためのお金
現在はどの大学でも「無給の研究員」という若手支援対策の職があるが、当時はそのような制度はなかった。

玉山
台湾の中央山脈にあるこの山は、日本の台湾統治時代は「新高山」と呼ばれていた。標高三九五二メートルあり、富士山より高い日本の最高峰でもあった。

所の安田雅敏《やすだまさとし》さんからうかがって、僕は渡英を一か月後に控えたこの日、はるばる愛知県の田舎町から出てきたのである。

＊＊＊

僕はもともと新種の記載などを含む動物分類学——つまり、標本を扱うような類の研究をしていたわけではない。学部学生から修士課程を過ごしたのは弘前大学理学部の小原良孝《おばらよしたか》先生の研究室で、哺乳類の染色体について研究していた。

僕に与えられた最初のテーマは、北海道に分布するヒメヤチネズミ *Clethrionomys rutilus* という野ネズミの染色体を調べることだった。標本とは直接的には縁のない研究だったのだが、染色体という細胞分裂のときだけに見える物体を研究していた手前、生きている動物を捕まえなくてはならなかった。そしてその個体から染色体用のサンプルを採取し、亡骸は70パーセント濃度のエタノールにつけて保管する。

個体を残すことの重要性については当時からすでに意識にあった。自分が染色体を調査した動物本体を残しておかなければ、「実は別の種類だったんじゃないの?」などとケチをつけられる可能性もあるわけである。証拠として使用した個体を残すのは大切なことだ。これが僕にとっての「標本」という概念の萌芽だったと思う。

……いや待て、僕は子供の頃からうちの周辺で捕まえた昆虫を標本にして残していた。そう考えると、標本への意識は幼少期にはすでに芽生えていた、ともいえるかもしれない。ただし昆虫とネズミとでは勝手が異なる。昆虫標本は翅《はね》や脚の形状を整えて乾燥させるだけで、なんとか形になる。ところが哺乳類の場合は「解剖」という作業が不可欠で、血も出るし臭いも少々きつい。何より処理するのにかかる時間が全然違う。昆虫標本に比べて哺乳類の標本作りがポピュラーでないのは、このあたりに理由があるのだろう。

　僕が研究していたヒメヤチネズミには、北海道内だけでも2種の近縁種が存在する。同じ場所に生息するタイリクヤチネズミ*Clethrionomys rufocanus*と本種は慣れれば外見でも識別可能だが、実験に使用したネズミが確かにヒメヤチネズミであると確認するには、歯の形態を観察して正しく同定する必要がある。すなわち、ヒメヤチネズミの上顎第三臼歯《じょうがくだいさんきゅうし》の形態は明らかに近縁種と異なっていて、これがこの種を示す特徴である。哺乳類学に手を染めようとしている研究者の卵には、よりわかりやすい種の同

同定
生物の分類上の所属や種名を決めること。

定基準が求められた。

そこで、アルコールから動物本体を取り出して、一つ一つ頭を外して皮を剥き、煮沸して頭骨標本を作り始めたのは僕が大学四年生の冬、卒業研究をまとめ始めた頃だ。頭骨標本になっていれば、誰が見ても歯列の観察具合から、僕が染色体を調べたものがヒメヤチネズミであったと確認することができる。そしてこれが、研究成果が確かなものであることを示す証拠となるのである。僕の卒業論文にはこれらのネズミの歯並びが図として加えられることとなった。

哺乳類の標本作りは昆虫のそれとは勝手が異なると書いたが、頭骨や骨格標本に関していえば、作ろうと思えば案外誰でも作れるものである。要は煮るなり腐らせるなり、なんらかの手段を用いて肉を骨から除去して乾燥させればよい。

一方、毛皮を適切に処理して標本として残すには、それなりの技術が必要となってくる。そう考えると、僕が大学四年生当時にやっていた標本作製はごく初歩的なもので、まだまだアマチュアの域を出ていなかったところがあろう。ましてや標本には本来、その個体の情報を載せたラベルを付ける必要があるが、そこまではやっていない。

ラベルには個体の採集地や採集日、性別や計測値といった身体測定の結果までをしっかりと書き込み、標本に取り付けておくのが望ましい。個体の番号だけを書いたタグを付けて、個体情報はノートなどに記録するやり方もあるが、これでは長い年月の間に標本とノートが泣き別れになってしまったら、その個体の情報がわからなくなってしまう。僕はその後、大学院修士課程でヒミズ *Urotrichus talpoides* とヒメヒミズ *Dymecodon pilirostris* という2種の小型のモグラについても染色体解析を行うことになるのだが、このときもまだラベルを付けて標本を適切に管理するまでには至っていなかった。

僕に標本を扱う者としての転機が訪れるのは、修士課程を終えて一年のブランクの後、モグラ類の染色体研究をテーマとして一九九八年に名古屋大学大学院農学生命科学科に博士課程の学生として所属してからだ。ここで、指導教官であった織田銑一先生の影響を大きく受けた。織田先生の研究室は名古屋から北東七十五キロ程の山間にある愛知県設楽《したら》町の「附属山地畜産実験実習施設」と呼ばれる牧場だった。僕はここで七年間を過ごすこととなる。

それは、僕がこの研究室に所属するようになって一か月ほどが経った頃のことだ。施設で飼養していたウシが精肉のために出荷された。そしてその日の夕方、織田先生は皮が剥かれたウシの頭を2つ抱えて施設に戻ってきた。それは出荷された個体のもので、織田先生曰く、この頭の頬肉が美味いのだという。それでその部分を除肉し、先生お手製の名古屋名物「どて煮」へと調理されることとなった。

織田先生は、施設で飼養しているウシの食肉としての価値を評価したいと考えているらしい。つまり、肉は食べてしまえば消化されてトイレに流されるだけで何も残らないが、頭骨はその肉がついていた個体の一部を永久に保管できる、いわば実物証拠というわけである。頬肉を削がれたウシの頭はその後、我々学生が大型の寸胴鍋（ラーメンのだしを取るあれだ）で煮込み、頭骨標本として残された。

織田先生の専門は実験動物学なのだが、専門外のものまでなんでも大事に残しておく人で、廊下の壁に置かれた棚には織田先生が実験に使用した動物の液浸標本がぎっしり詰め込まれていたのはもちろんのこと、研究室の冷凍庫は名古屋から設楽町までの約七十五キロの移動中に拾った動物の交通事故死体でいつもいっぱいだった。また、「遊びながら学ぶ」という精神を大切にされていて、施設で夏に行われる農学部三年生対象の実習では、食資源探索と称して川で魚捕りをしたり、山でクロスズメバチの巣探しをするといったスケジュールが組まれた。もちろん畜産に関する実習や、野生小哺乳類の捕獲調査、標本作製講座といったことも行われていた。

そんな織田先生の下で、僕の標本への情熱はエスカレートしていく。

施設の周辺でモグラを捕獲しては染色体を調べていくのであるが、その頃にはすでに骨格だけでなく皮を標本として残す知恵を身に付けていた。剥いた皮の裏側に焼ミョウバンという薬品をつけて、綿詰めして乾燥標本として保管する。これは弘前大学時代の先輩である岩佐《いわさ》真宏《まさひろ》さん（現・日本大学教授）がやっているのを参考に、見よう見まねで練習したものである。こうして、最初は自分の研究材料であるモグラから始まり、この地を去る頃にはゾウアザラシまでをこなす「標本バカ」となっていくのだが、実はこの時代の初期、さらに僕に追い打ちをかけるような出来事があった。

織田先生はロシア科学アカデミー・シベリア支部が所在するノボシビルスクの研究者と共同研究を行っていて、そこに僕を送り込んでくださると言った。当時、僕は海外未経験で（それどころか沖縄にも行ったことがなかった）、海外経験のない学生がロシアへの十か月間の短期留学である。

クロスズメバチの巣探し
設楽町ではこの幼虫が珍味とされる。

「標本バカ」
僕の標本バカな日常については雑誌『ソトコト』の連載コラムで紹介している。二〇二〇年九月、これをまとめた書籍『標本バカ』を上梓した。

いきなりロシアで生活を始めて生きていけるものか、そもそもこの変な形の文字は何だ、と躊躇したが、その地域には当時僕が調べたかったアルタイモグラ *Talpa altaica* が分布している。そこで無茶を承知で、行くことに決めたのである。

一九九九年七月、ロシアのノボシビルスク地区に所在する白樺林に囲まれた町、アカデムゴロドクでの生活は夏から始まった。そのためしばらくはモグラ採集三昧で過ごすことができたが、冬になると二メートル近く降り積もった雪のせいで採集は不可能となった。モグラが捕れないと染色体を調べることができない。ピンチだ。しかしそのことが、博物館に向かうきっかけとなる。ロシア科学アカデミーの動物学博物館は僕が住んでいたところから三十分ほどバス移動したノボシビルスク市内にあった。こうなったら博物館にある標本を使って、何か研究してやろうと思ったのだ。

博物館には実に2000点近いモグラの頭骨標本があり、その大半はこの地域に分布するアルタイモグラだ。しかも様々な地域のものが大量にある。そのほかに、少し西側に分布するヨーロッパモグラ *Talpa europaea* や、当時は分類学的な関係が全くわかっていなかったコーカサス地方のモグラなども所蔵されていた。それまで僕が抱い

変な形の文字
キリル文字という独特のアルファベットは難解だ。せめてこれを読めるようにと、別の学部で行われていたロシア語会話を受講して準備した。

ていた博物館のイメージは、多くの人が考えるものと同じく、科学や歴史に関する学習・展示のための施設、というものだった。ところがこの博物館には展示スペースはわずかにしかなく、建物の多くは標本を置くための倉庫、つまり収蔵庫に充てられている。そこに収められている標本は、研究者が自ら調べるために集められたものばかりではない。専任の有無にかかわらず様々な分類群が網羅されている。そして僕がその博物館で長い冬を過ごす間、ロシアの各地から標本調査のためにしばしば来訪者があり、研究者兼標本管理者がその対応をしていた。

なるほど、標本とはかくあるものか。博物館とはかくあるものか。標本や博物館というものに対する概念を完全に覆されたのがこの時だ。

十か月のロシア生活を終えて設楽町に帰ってきた僕は、それ以前とは全く違う行動をする人間になっていた。標本は適切に処理して番号を与え、個体の採集情報と計測値を記した手製のラベルを付し、同じ番号を振ったキャビネットに保管していった。冷凍庫には歴代の学生たちが拾ってきた動物の交通事故死体がいっぱいたまっていたので、それらを解凍して処理していった。大型の毛皮の処理はネズミやモグラのようにはいかない。織田先生の書棚にあった『坂本式動物剥製法』という剥製作製のための指南書を熟読して、どのようにすれば毛皮が保管に耐えられるものになるかを自習した。そのうち施設周辺で死亡していたタヌキやらキツネやらといったものも同様にして保管するようになった。そのような活動をしていることが周囲に広まると、近所でイノシシが捕れたから取りに来い、とか、少々離れた町でアライグマを駆除しているから標本として提供したい、とか、三河湾沿岸に死体漂着するスナメリを集めてほしい、などなど様々な標本材料提供者が現れるようになる。僕はこれらに対応していくなかで、博物館的能力を高めていくことができたのだった。

二〇〇二年に本来の研究テーマであるモグラ類の染色体分析で学位を取得した後もそんな生活が続いた。それまで頼りにしていた奨学金が利用できなくなるので、近所の障害者療護施設で働きながら、なんとか貧乏に耐えつつ研究や標本作製を続けていたのだ。しかし、さすがにこんなことをいつまでも続けるわけにはいかない。どこか本来の研究とは関係ないところにでも今から就職できるものか、あるいは地元に帰って実家のクリーニング屋を継ぐか……。二〇〇四年のあの日、森林総合研究所へ向

『坂本式動物剥製法』
橋本太郎 著／北隆館／一九七七年刊

かっていた僕は、まさに人生の岐路に立っていた。

ところで、僕のその頃の将来への不安は驚くべき形で好転することとなる。翌年四月、信じられないことに国立科学博物館で哺乳類のキュレーターとして採用されるのだ。研究で給料をもらえるとは、なんとありがたいことか。僕の研究の対象はモグラだけでなく広く哺乳類全般に向けられるようになった。当時東京都新宿区にあった同館の研究所は二〇一二年に茨城県つくば市に移転し、現在はこの地で研究のほか、主に陸生哺乳類の標本収集、管理を行っている。さらに、僕の関心は動物そのものだけでなく、古い標本の歴史にも及ぶようになる。博物館の標本は誰かがどこかで集めたものであり、人の活動がどこかにかかわっている。どのような人がどのような経緯で標本にしたのか、そしてどんな研究に役立てられてきたのか。標本の背景にある歴史について掘り下げていく作業を、面白いと思うようになった。

今でも研究室でそのような歴史調べをやっていると、思い出されるのが二〇〇四年のこの森林総合研究所への訪問である。当時はまとまった資料もなく、史実上は無名に近かったアラン・オーストンなる人物。後に僕のライフワークとなっていくオーストン研究の、そのすべての始まりが、まさにこの時だった。

＊＊＊

安田さんの案内で森林総合研究所の標本室を訪問し、件の台湾産と思われるモグラの標本に対面した。標本は毛皮のみで、良く作製されているが、腹面を見ると左顎《あご》から胸にかけて切開されている。おそらくもともとは頭骨が毛皮の内部に入った状態で作製されていたのだろう。これはこの標本がかなり古い時代のものであることを示している。かつて哺乳類の毛皮標本は頭骨を内部に入れた方法で作られていた。十九世紀の終わり、頭骨の形態が哺乳類の分類に重要な特徴を持つことが認識され始めてから、毛皮と頭骨を分けて作製する方法が習慣として定着したのである。頭骨が内部に入った古い標本では、後に毛皮を切り裂いて頭骨を抜き出す作業が行われることがある。この標本についても、何者かがこのモグラをちゃんと調べようとして、後に毛皮から頭骨を抜き出したに違いない。

標本には二つのラベルが付されており、一方にはこう書かれていた。

「番號　290　和名　ハイナンモグラ　學名　（空欄）　産地及方言　台湾五指山
年月日　1839　天保11．11．18　性ト老幼　（空欄）　採集者　（空欄）」

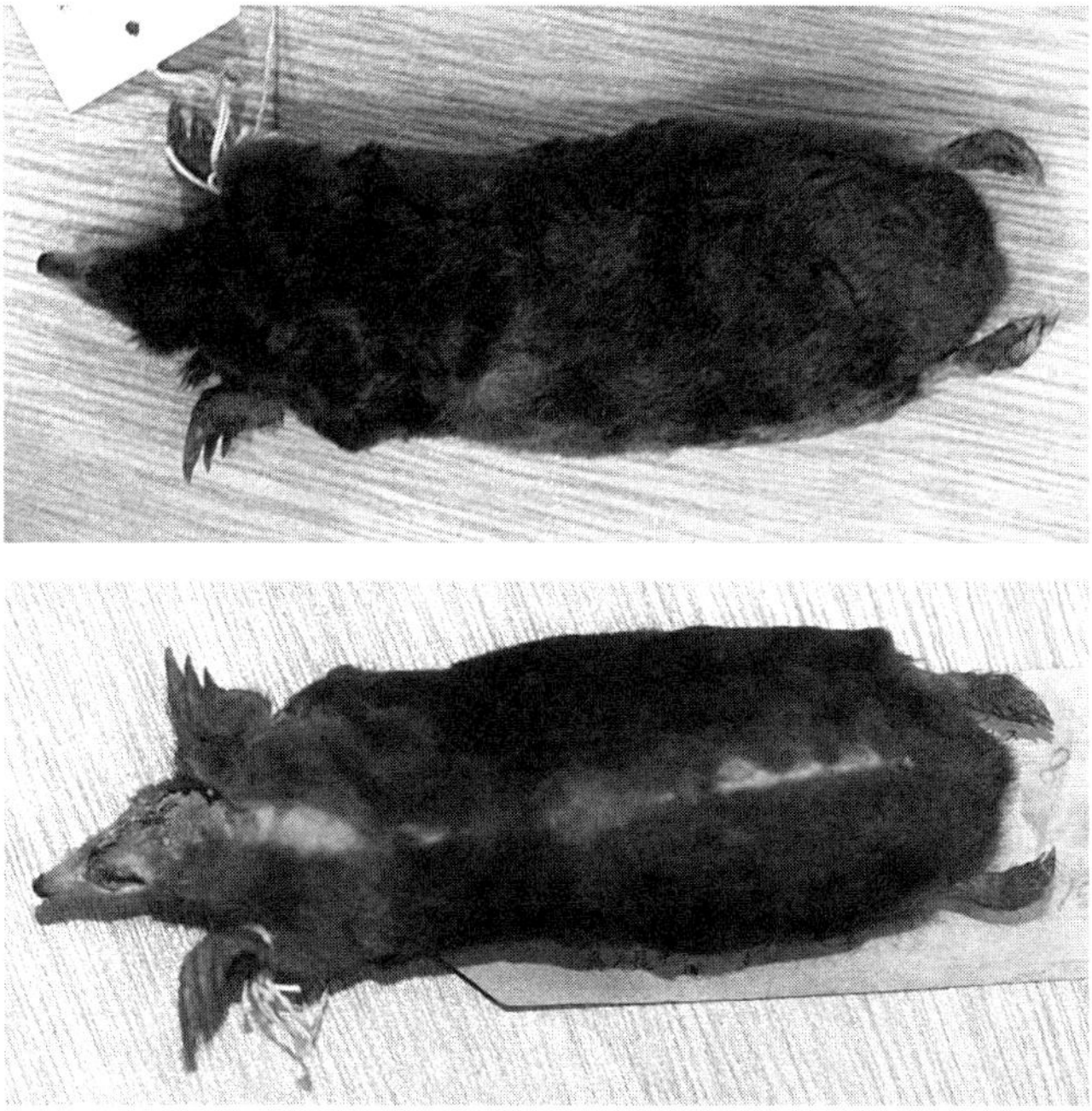

つくば市にある森林総合研究所所蔵の「台湾産」とされていたモグラの仮剥製標本。背面（上）と腹面（下）。

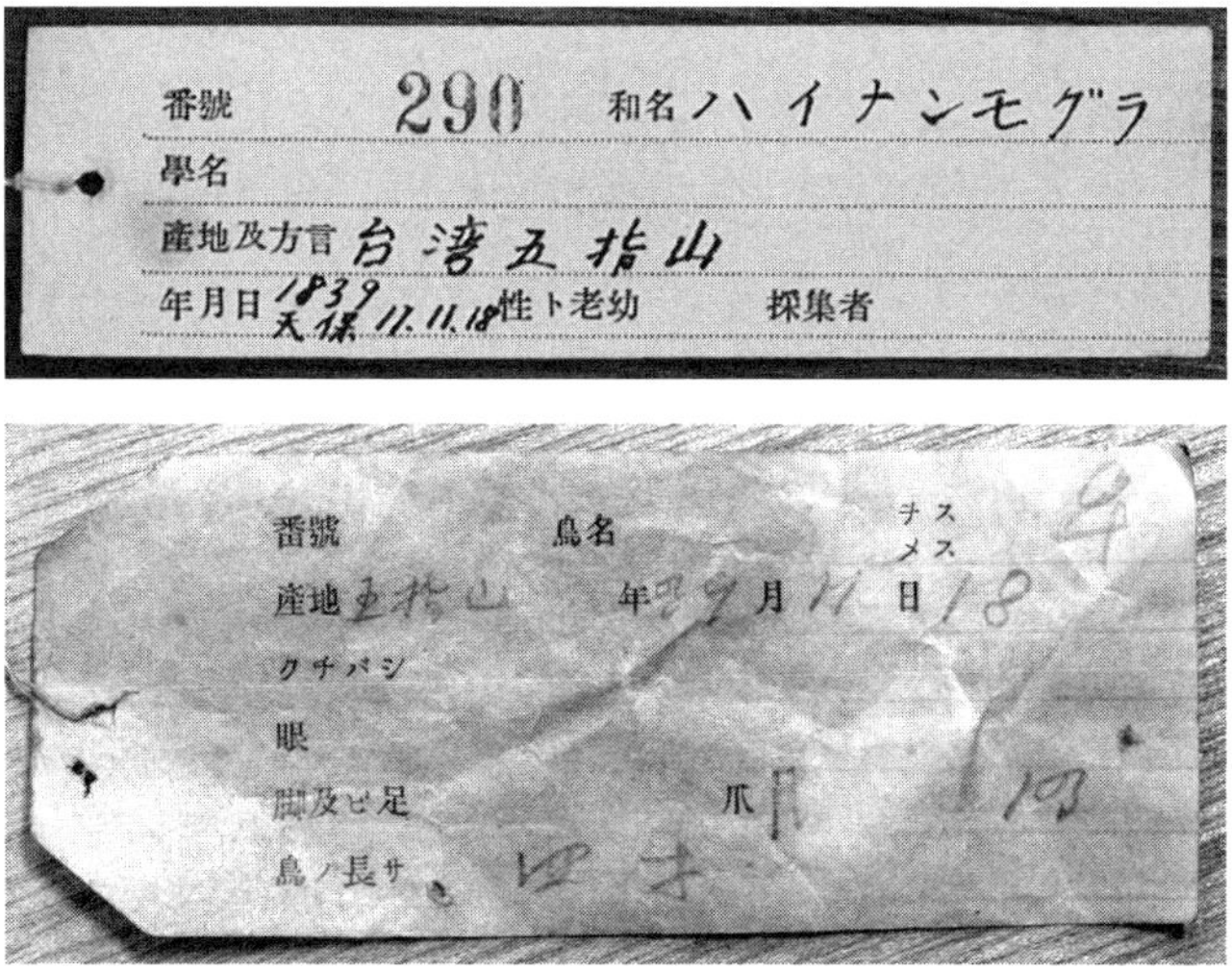

上図の仮剥製に付けられていたラベル2枚。上は比較的新しいラベルで、コレクションを整理する際に取り付けられたものだろう。下が問題となるオーストンのラベルだ。

このラベルを付けた人はこのモグラが台湾で捕獲されたものと考えたようだ。「号」や「学」といった文字が旧字体であることから、それなりに古いラベルであることがうかがえる。しかし、森林総合研究所のほかの標本ラベルの書式と一致していることや、通し番号（この標本については290番）が付されていることから、森林総合研究所で標本整理をした方が後に記録したラベルと思われる。

それにしても「年月日」の欄の「天保11」、そして西暦を示す「1839」という数字は、少々古すぎるように思える。江戸時代、我々の先祖が刀を持ち歩いていた時代に、モグラを捕まえてこんな標本を作れる人がいたのだろうか？　ましてや、採集場所は「台湾」と記されている。鎖国の時代にこのような場所でモグラを得た人がいたとも考え難い。台湾は一八九五年、日清戦争に勝利した結果、日本の領土となったのである。また「和名」にある「ハイナンモグラ」という名前にも違和感を覚えた。

一方、もう一つのラベルは興味深いものだった。比較的大きめの紙に印字された項目は「番號」「鳥名」「ヲス　メス」「産地」「年　月　日」「クチバシ」「眼」「脚及ビ足」「爪」「鳥ノ長サ」の十項目で、「産地」の欄に「五指山」、「ヲス メス」の欄に「♀」、「年　月　日」の欄にそれぞれ「39　11　18」、「爪」の欄に「11　103」、「鳥ノ長サ」の欄に「四寸」と

鎖国
江戸幕府が行った対外政策。キリスト教禁圧、封建制度維持の名目のもと、日本人の海外渡航と在外日本人の帰国を禁じ、貿易はオランダ商館と中国船のみに制限された。

日清戦争
一八九四年から一八九五年、朝鮮の支配権を巡って日本と清国の間で起こった戦争。

達筆な筆跡で記録されている。使用されている用紙はしっかりとしたもので、薄い桃色の罫線が引かれており、セピア色にすすけた様相が非常に古いものであることを物語っている。「年」の欄に書かれた「39」という記述で、この標本の採集年に関する疑問は氷解する。おそらくこちらのラベルが採集者が添付したオリジナルのもので、採集者はそこに「39年」の意を込めて記入した。後にこの標本を整理した人物が、オリジナルラベルの情報をもとに「39＝１８３９」と解釈して「天保11」の年代を新しいラベルに記したのであろう。「１９３９」ではなく「１８３９」としたところから、この新しい方のラベルが作成されたのが一九三九年以前であったことが推測される。また「39」年まである元号は明治と昭和だけであり、標本ラベルに使用されている旧字体から考えて、明治三十九年、すなわち一九〇六年に捕獲されたものではなかろうか。

また、標本の採集地の欄に記された「五指山《ウージーシャン》」についても引っかかった。モグラの採集地を調べるために記憶していた台湾の地図を思い出しながら、「台湾にこのような名前の山があったかな」と疑問を抱いたのである。そして安田さんとの議論を経てほどなくして、「五指山」が台湾ではなく、中国南部に浮かぶ「海南島《ハイナンタオ》」の最高峰であることを思い出した。どうやらこのモグラは台湾産ではなく、海南島産のものだったのだ。なるほど、これなら和名の記述とも辻褄《つじつま》が合う。

ほかにも台湾産のモグラがいくつかあったので調査に来た甲斐はあったのだが、一番の目的だった標本が台湾産のものでないとわかり、少々落胆しながら標本とラベルを写真撮影した。とはいえ台湾のモグラは海南島のモグラとは亜種の関係にあるとされており、これらの地に生息するモグラの分類を整理するためには不要な標本ではない。そもそも海南島のモグラ標本は世界的にもごくわずかしか残されておらず、貴重なものである。抜き出されたと思しき頭骨がどこかに収蔵されていないかと聞いてみたが、所在は不明だそうだ。そのためこの分類群の重要な形質を多く有する頭骨標本が調べられなかったのは残念だった。

森林総合研究所での調査はこのような具合で、数点の標本に注目して調べたにすぎない。日本にはごくわずかしか所蔵されていない台湾のモグラ。あとは大英自然史博物館での調査に期待して、一か月後の二〇〇四年十一月二十二日に僕はイギリスへと旅立った。

この博物館を訪問するのは初めての機会で、事前に当時の哺乳類担当研究者であったポーラ・ジェンキンスさんに連絡を取り、標本利用の許可を得ていた。このような大博物館でも標本の利用者は大歓迎らしく、職も得ていないような若手研究者にも調査の機会は開かれている。

彼女の案内に従い、壁一面に魚竜の化石が貼り付けられた展示室内を移動した。スタッフ限定の扉をくぐると、ここがバックヤードの収蔵庫である。そして早速、モグラ等の小型哺乳類標本が入ったキャビネットが立ち並ぶ標本室で、調査を開始した。台湾のモグラをひと通り調べて、では中国のほかの地域の標本を調べようと、まずは海南島で捕獲されたハイナンモグラの種記載の基となるタイプ標本の仮剥製標本を手にしたところ、とんでもないことに気づいてしまった。

「標本ラベルが森林総合研究所で見たものと同じだ！」

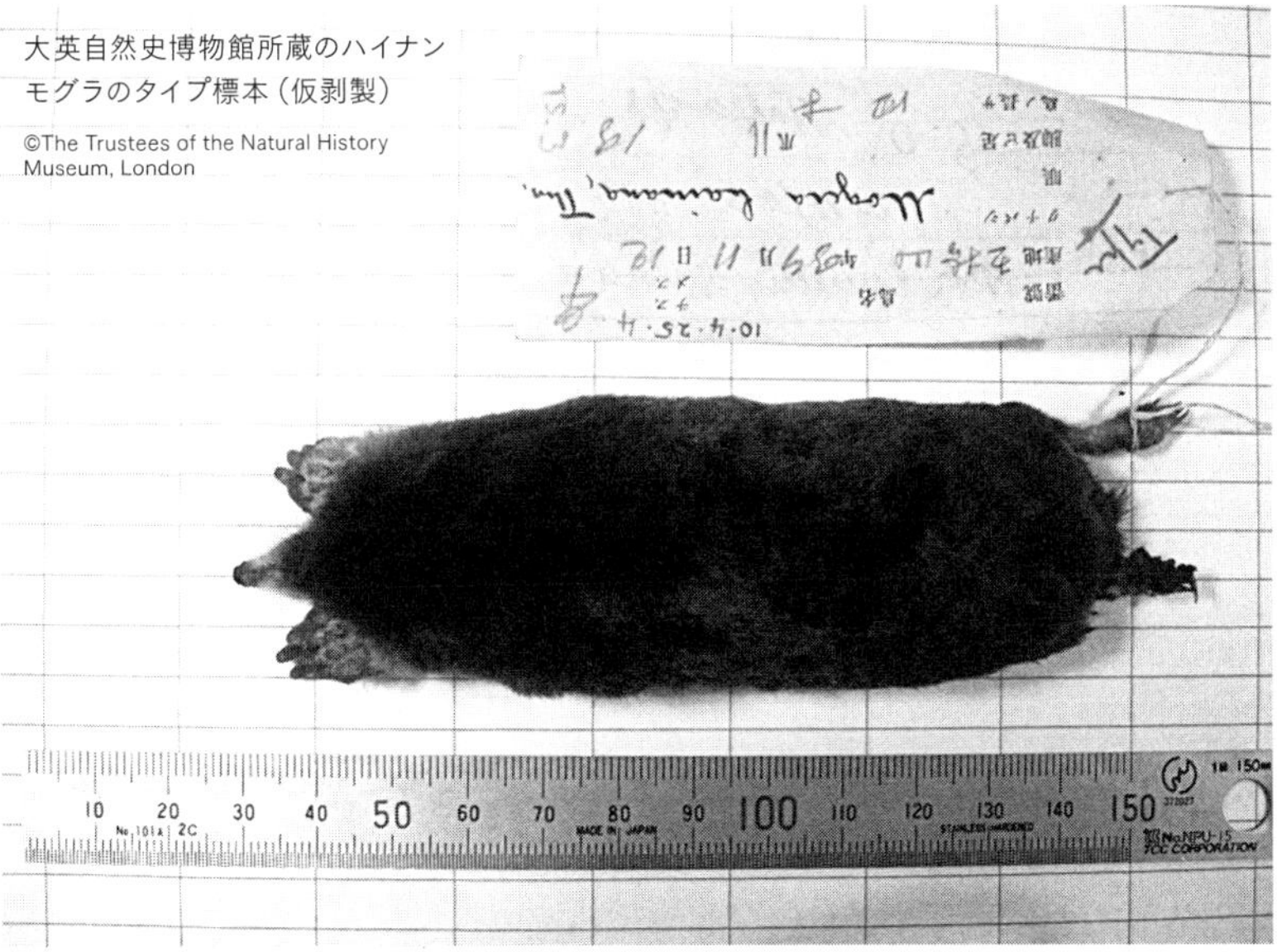

大英自然史博物館所蔵のハイナンモグラのタイプ標本（仮剥製）

そこにあったのは、ちょうど一か月ほど前につくば市の調査で見た標本に付けられていた、あのセピア色に変色した古いラベルと全く同じ書式のラベルだったのである。

この、日英両国の標本室で見つけた同じ書式の標本ラベルの謎を巡って、僕の長きにわたる研究は開始された。

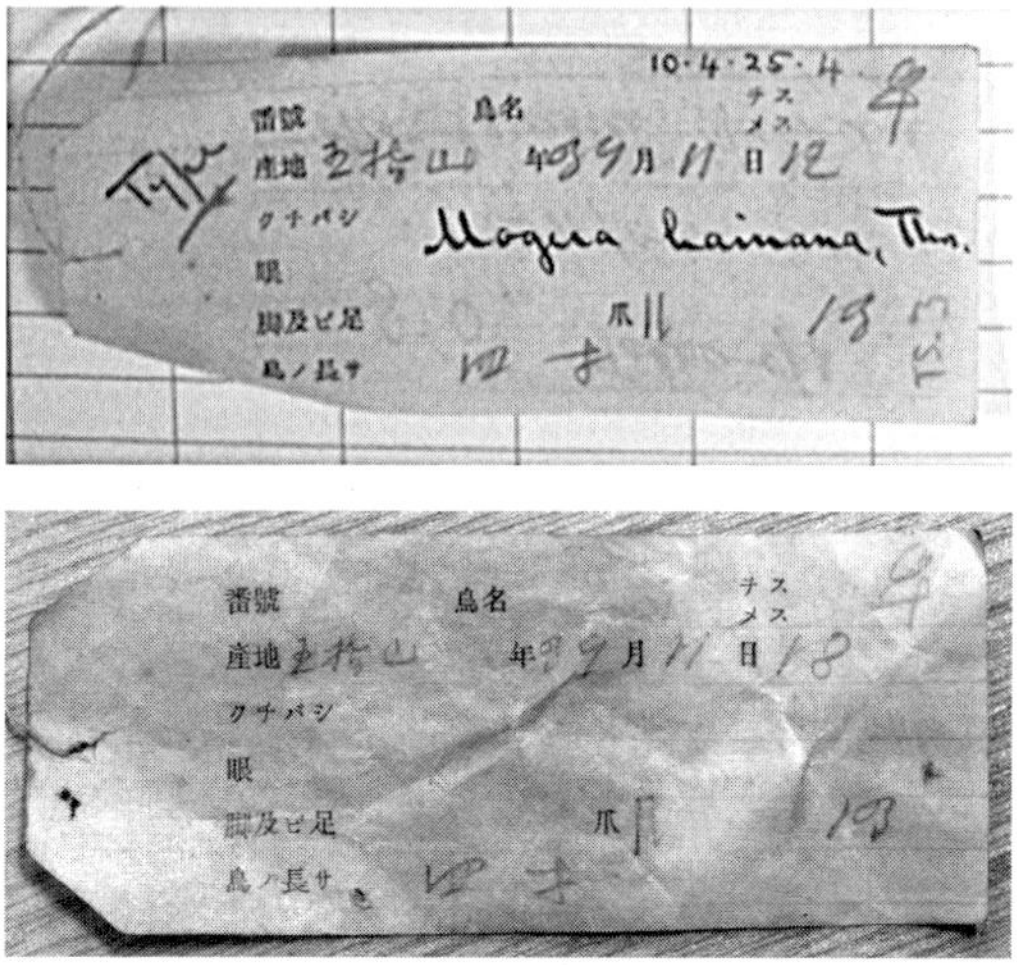

大英自然史博物館（上）と森林総合研究所（下）、二つの国に残されたハイナンモグラのラベルは一体何を語るのか。

第1章

古い標本の向こうに見えてくるもの

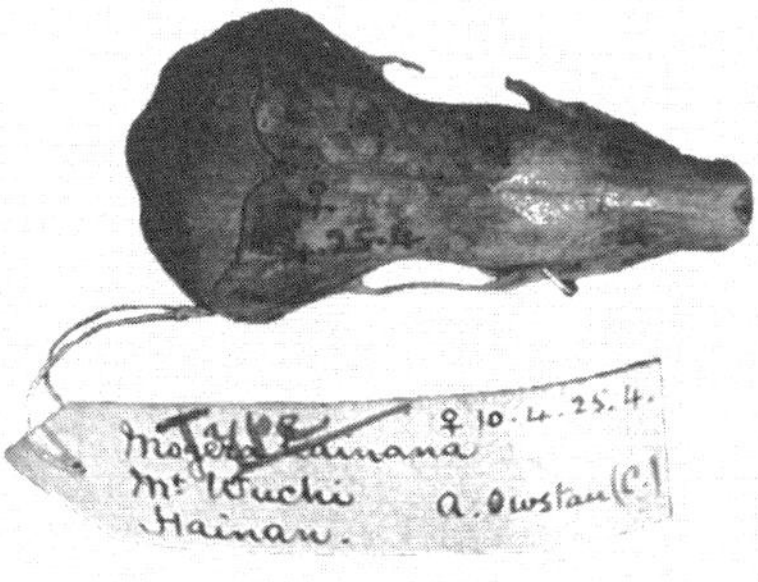

標本ラベルは語る

　僕は割と忘れっぽい人間で、人の顔や名前、昔書いた論文の内容、すごく重要なことでも年月を経ると簡単に忘れてしまう。学生の頃から無理してなんでもかんでも手を出してはバタバタと仕事をする性質《たち》だったから、それもよろしくないのかもしれない。ましてや、このときのイギリス訪問は台湾産モグラの分類学的再検討という研究が目的だったので、ハイナンモグラは参考までに調査したにすぎなかった。標本を研究する者にとって、大英自然史博物館での調査機会はとても貴重だ。貧乏学生に与えられた外国滞在時間は短い。時間が許す限り標本室にこもり、昼食も取らずに朝十時から夕方五時前までの限られた時間を標本に向き合う。100点以上の標本を二日程度の短い訪問で調べるのだから、そのなかの一つにどんなラベルが付されていたかなど、覚えていなくて当然だろう。もちろん標本とラベルの写真は記録用に撮っておくが、その写真も帰ってから見返すのは、それがそのときの研究に重要なものであるからだ。しばらく経ってからふと昔の写真フォルダを開いて、「なんと、こんな写真も撮っていたとは……」と、すでに発表した内容の重要な補足情報を見つけて悔しい思いをすることもしばしばである。

日英両国で同じ種の標本に付けられた同じ書式のラベル。きっと一か月という短い期間に両方を目撃できたのがよかったのだろう。もしも、つくば市とロンドンの調査がもっと時を隔てて行われていたなら、僕の記憶力ではこの二つを結びつけることは困難だったはずだ。しかし僕は運が良かった。絶好のタイミングで日英での標本調査を行えたことで、遠く離れた地に保管されていた由来の同じ二つの標本を結びつけることができたのである。日頃から標本作製に汗を流している僕に、標本の神様がちょっとしたご褒美をくれたのかもしれない。

さらに忘れっぽいが故に身につけた習慣により、この出来事は克明な記録として残された。この日の観察記録を開くと、ハイナンモグラのタイプ標本に関して次のような記述が確認できる。

「10.4.25.4 M. hainana type ♀

Mt. Wu Chin 五指山

この個体にはおどろいた。ラベルは森林総研で見た物と全く同じタイプのもの。しかもタイプ産地のWu Chinがラベル上で五指山と明確に記してある。おどろきです。」

同一の標本ラベルに気づいたときの驚きようと言ったらなかった。さらに同じラベルが付された3点のハイナンモグラの標本も存在を確認している〈表1〉。

しかしなぜこのようなものが日本とイギリスに分散して存在するのかまで、このときの僕にはまだ全く理解できていなかった。タイプ標本の情報を見てみると、「ヲス メス」欄に「♀」、「産地」に「五指山」、「年月日」に「39 11 12」、「爪」に「11 19」、「鳥ノ長サ」に「四寸」とあり、森林総合研究所の標本と比較すると、ラベルの書式

僕の標本観察ノートより。
ハイナンモグラのタイプ標本に関する記述のページ。

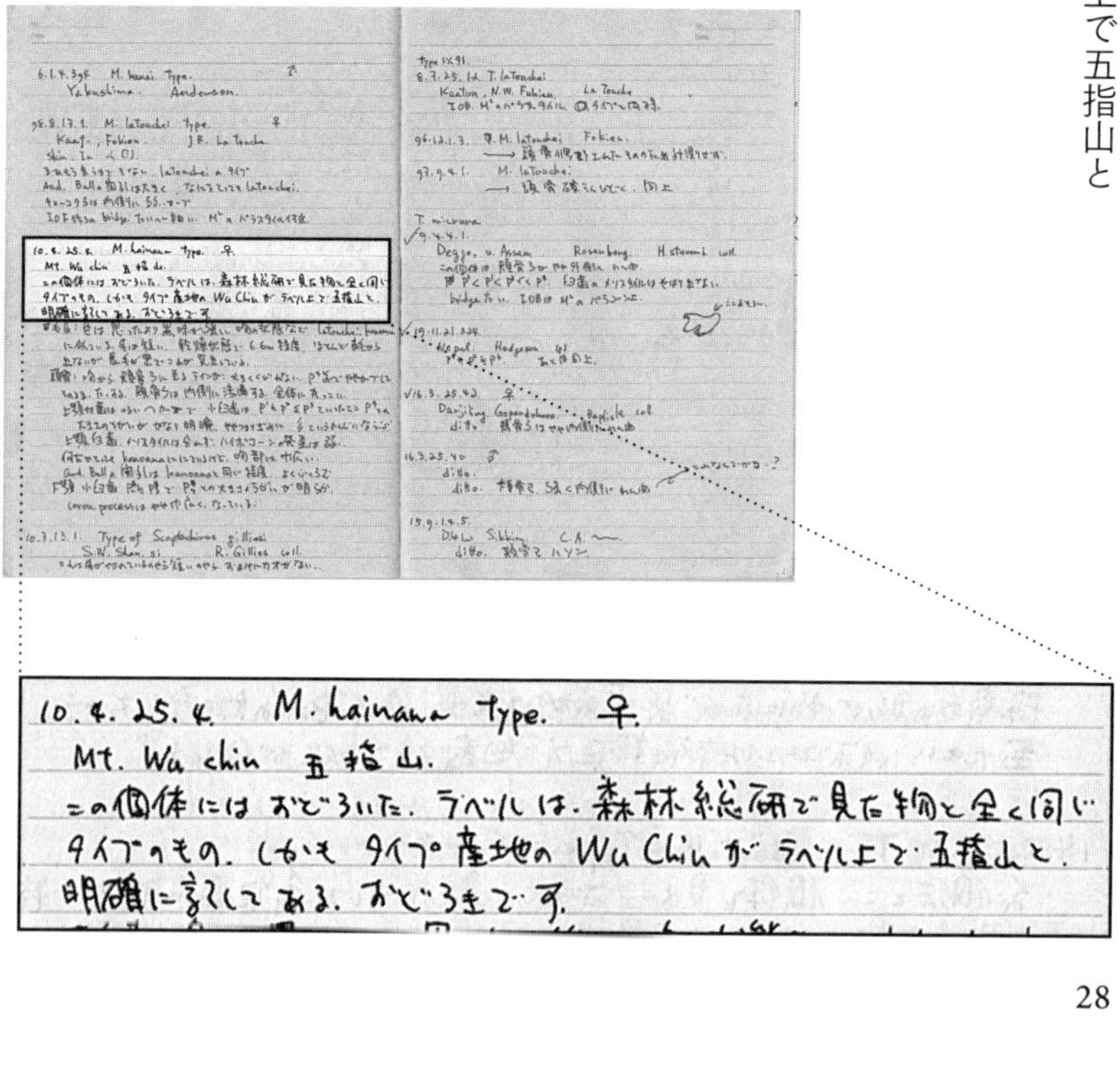

10. 4. 25. 4. M. hainana type. ♀
Mt. Wu chin 五指山.
この個体にはおどろいた. ラベルは. 森林総研で見た物と全く同じ
タイプのもの. しかも タイプ産地の Wu Chin が ラベル上で 五指山と.
明確に記してある. おどろきです.

が全く同じであるだけでなく、採集された日が六日しか違わないのである。つまりこれら2点の標本はほぼ同じ頃、海南島の同じ地点で採集されたものであることは間違いない。おそらく捕獲した人も同じだろうし、5点のハイナンモグラを採集して標本にしたものが、1点は日本、4点はイギリスへと送られて現在まで残されているということになる。

さらに注目に値することが二つある。一つはラベルの文字が日本語で書かれているということ。日本にある標本のラベルが日本語であっても不思議はないが、イギリスにあるものにも同様の日本語のラベルが付けられ、しかもそれが分類の基準になるタイプ標本ともなれば謎は深まる。もう一つはラベルの記入項目として「クチバシ」といった鳥類の記入項目があったことである。すなわちこのラベルは、鳥類の標本用に用意されたもので、採集者は鳥類を採集する目的でこの地を訪れ、傍らでモグラも捕まえたのだろうか。

この符合する標本ラベルは僕にどんどん語りかけてくる。もう台湾のモグラどころではなくなりそうなところだが、まずは一つ問題を片づけてからに

表1　大英自然史博物館に保管されていたハイナンモグラの標本ラベル情報

BM No.	ヲス メス	産地	年	月	日	爪	鳥ノ長サ
BM10.4.25.1	♂	五指山	39	11	12	11	四寸
BM10.4.25.2	♀	五指山	39	11	12	11	四寸
BM10.4.25.3	♀	五指山	39	11	10	11	
BM10.4.25.4	♀	五指山	39	11	12	11	四寸

しよう。

十分な標本のデータを得た僕は、帰国後、台湾の山地に生息する新種のモグラ、ヤマジモグラ*Mogera kanoana*を記載する論文を執筆し、二〇〇七年の『Species and Biodiversity』誌に掲載されたことで、この問題にひと区切りつけることができた。

この間には、前述の通り、僕は国立科学博物館の哺乳類担当キュレーターとして採用され、新たな場所で研究を開始していた。

ヤマジモグラの記載を巡る物語

せっかくなので、ヤマジモグラに関してここでもう少し触れておきたい。というのも、この新種のモグラを調べるなかである人物を知ったことが、古い標本の歴史に興味を持つきっかけの一つにもなったからである。

僕が命名したヤマジモグラは昭和初期を代表する動物学者、岸田久吉《きしだきゅうきち》という人物が和名を与えた謎のモグラだった。この種の記載論文を作成する過程では、多くの台湾の動物学資料を調査する必要があった。なぜなら、どうやらこの岸田によって一九三〇年代初頭に台湾山地のモグラが新種記載されている可能性がある、という情報があったからである。動物を新種として認定するためには、その種がほかの類縁種と明らかに異なる形態的特徴を持っていることはもちろん、さらにその種に有効な学名が過去に与えられていないことを示さなくてはならない。学名には先取権があり、ある動物に複数の学名が付けられた場合には最も古い時代のものが有効になる、というルールがある。すでにそのような論文が出版されていれば、せっかく苦労して書き上げた論文と新しい学名が無駄なものになってしまう。

岸田は著名な動物学者だった一方で、異端の動物学者とみる向きもある。彼は本来、クモ類が専門の研究者だったが、哺乳類に関しても分類学的業績が多く、たくさんの種を記載した。自身が代表となって「蘭山会《らんざんかい》」という動物学研究グループを組織し、一九二九年からは機関誌『Lansania』を発行していた。ところがここで少々問題が起きる。この雑誌は蘭山会のメンバーにのみ配布されていたもので、初年から順調に

岸田久吉
一八八八－一九六八
動物学者。専門はクモ類ながら、節足動物から哺乳類まで研究対象は他分野にわたった。

蘭山会
岸田が組織したこの研究グループは、彼が崇拝する江戸時代の本草学者・小野蘭山に由来する。

年間一〇号のペースで発行されていたが、一九三二年頃から発行が不定期となっていく。またこの雑誌では各論文だけを印刷した、いわゆる「別刷り」も発行されていたのだが、なかには雑誌自体が発行されず、別刷りのみが印刷された論文もあるのだという。このような状況で『Lansania』に掲載されたことになっている論文には実際に出版されなかったものが多数含まれているというのだ。

岸田は一九三〇年頃に台湾のモグラについて研究し、どうやらすでに山地のモグラが平野部の種とは異なっていることに気づいていたらしい。そこで『Lansania』の一九三二年の号に新種記載となる論文を執筆する予定だったらしい。「らしい」としたのは、現在までにこの論文がどこにも発見されていないことによる。この世に存在しないものを証明するのは存在するものを証明するよりもはるかに難しい。この話が今に伝えられているのは、当時の研究者が執筆した台湾産モグラに関する記述に、岸田による台湾の山に生息する「ヤマヂモグラ」の記録が残されているからである。

例えば、台湾の動物学のみならず地質学や民俗学にまで幅広く調査を行った同時代の鹿野忠雄《かのただお》によれば、台湾に生息するモグラとして*Mogera insularis*と*Mogera montana*という2種を挙げており、後者の記載者を「Kishida」としている。また同じく台湾

ヤマヂモグラ
過去の文献に登場する「ヂ」は旧字体。また岸田はこのモグラを「ヤマヂモグラ」や「ヤマヂヒメモグラ」と呼んでいたらしいこともわかっている。ここでは原文の引用を除き「ヤマヂモグラ」としておく。

鹿野忠雄
一九〇六-一九四五
博物学者。民俗学者。探検家。台湾の昆虫標本に魅せられ、日本統治時代の台湾へ渡った。

の動物相について詳しく調査した王雨卿《おおうきょう》が記した台湾産哺乳類の検索表には*Mogera insularis*の1種のみが記されているが、その「備考」として、次のようにある。

「上記の外に岸田久吉氏に縺れば、ヤマヂヒメモグラを産し、次の學名の御教示に預かったが、未だ正式の記載を見ないので本稿には除外した。

Mogerula montana Kishida (1932), Lansania. Vol. 4.」

つまり、岸田自身が編集作業を行う雑誌に台湾山地のモグラを新種記載する予定で、数名の知人には話していたのだが、実際には諸事によりかなわなかったことがうかがえるのである。このように、正式な記載がなく無効となる学名を分類学用語では「裸名（**nomen nudum**）」という。

なお、王雨卿による検索表の備考欄では、岸田が提案したとされる学名の属は「*Mogerula*」であり、現在台湾のモグラに適用されている「*Mogera*」とは異なっている。これについては岸田が執筆した『動物分類学研究法―脊椎動物』（一九三七）のなかで、台湾産モグラは日本産モグラと異なることを示したうえで、「ヒメモグラ属*Mogerula*」として記載を行っているためである。現在ではこの属名は使用されることはないのだが、僕が調査した台湾・ベトナム産のモグラの染色体は、その特徴が日本

王雨卿
一九〇七－一九三八
台湾人として初めての博物学者といわれている。

産のものと全く異なっている。すなわち日本産モグラ類（真の*Mogera*）はすべて染色体数が36本で、種間での微細な違いがあるだけであるが、台湾とベトナムの種（岸田の*Mogerula*）では染色体数はそれぞれ32本と30本となっており、染色体の形態も日本産とは大きく異なるのだ。これは日本産と台湾・ベトナム産で染色体進化の様相が明瞭に異なっていたことを意味していて、両者の系統が独立していることの証拠である。台湾のものを*Mogerula*として亜属くらいで分類しても、まんざら悪くはないように思える。岸田の分類はなかなかいい線を行っているのである。

僕は岸田の「ヤマヂモグラ」が形態学的、遺伝学的に独立種であることを明らかにし、新種として記載した。僕が与えた学名は、「*Mogera kanoana*」だ。台湾の自然史研究に大きな偉業を残し、この島に2種のモグラが分布することを唯一英語の文献に記した鹿野に捧げる意を込めた。

岸田が提案しかけていた「*montana*」を使わなかったのには理由がある。この種小名はヨーロッパ産モグラ類の化石種に「*Talpa montana*」として命名されており、混乱を招かないようにと配慮したものだ。その代わり和名としては岸田が与えたものを現代仮名遣いに改めた「ヤマジモグラ」を使い続けることで、台湾産の謎のモグラの研究の記録として残すことにした。我ながら、よい配慮だったと思う。

僕は後に鹿野忠雄の伝記を執筆した昆虫学者の山崎柄根《やまさきつかね》氏とメールを交わす機会を持ったが、そのなかで山崎氏は、僕が鹿野の名前を学名に適用したことについて称賛してくださった。山崎氏の『鹿野忠雄―台湾に魅せられたナチュラリスト』は僕の大好きな一冊で、どうやったらこれほどまでに一人の人物のことを綿密に調べることができるのだろうか、と思っていた。僕も動物学にかかわった人物について歴史的な研究をやってみたい、そう思うようになったのにはこの本の影響も大いに受けているのである。

動物がどのようにして科学界に紹介されるかということは、歴史的側面やそれを行う人物史的な要件が多大にかかわっている。既存の文献や書簡など、様々な歴史資料まで調べないとわからないことがあるのだ。僕は台湾のモグラを調査する過程で岸田と鹿野という二人の人物についても深く調べていくなかで、この作業が非常に楽しいものであることを学んでいった。

『鹿野忠雄―台湾に魅せられたナチュラリスト』
山崎柄根 著／平凡社／一九九二年刊

記載論文に記された名前

台湾のモグラを片付けている間、僕はハイナンモグラの不思議なラベルについて少しずつ下調べを始めていた。まずはハイナンモグラという種がどのような経緯で発見されたかについて、説明しよう。

ハイナンモグラは一九一〇年、大英自然史博物館の当時の哺乳類研究者だったオールドフィールド・トーマスにより『Annals and Magazine of Natural History』誌上で新種として記載された。原記載論文を紐解くと、新種記載のもとになった標本、すなわちタイプ標本の素性が明らかになる。その内容を一部抜粋すると次の通りである。

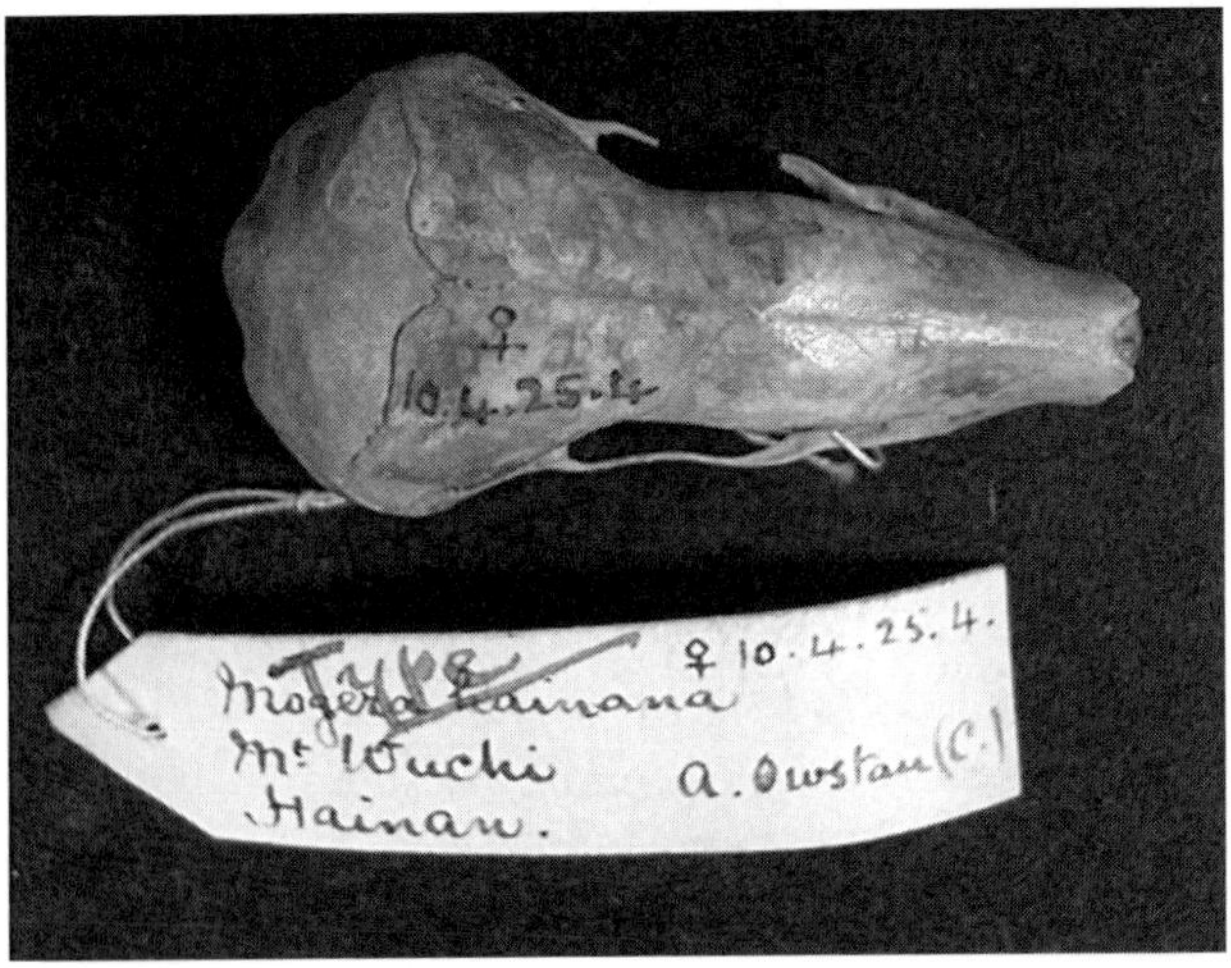

もう一つハイナンモグラの標本を。これはタイプ標本の頭骨である。ラベルは大英自然史博物館で標本整理時に書かれたものだが、「A. Owston」の名が記されている。

〈*Hab*. Hainan. Type from Mount Wuchi.
Type. Adult female. Original number 3. Collected 12th November, 1906, by a native employed by Mr. Alan Owston. Four specimens.〉

つまり、この標本はアラン・オーストンという人物によって送られた4点のうちの一つで、彼が現地（海南島）で雇用した採集人がこの島の最高峰である五指山（Mount Wuchi）で一九〇六年十一月十二日に採集したものであること、そしてこれがタイプ標本であることが示されている。一九〇六年は明治三十九年だから、採集年に関する僕の予想は当たっていたようだ。

このオーストンという人物については、

ハイナンモグラの記載論文。本文中の引用部分を拡大して示す。

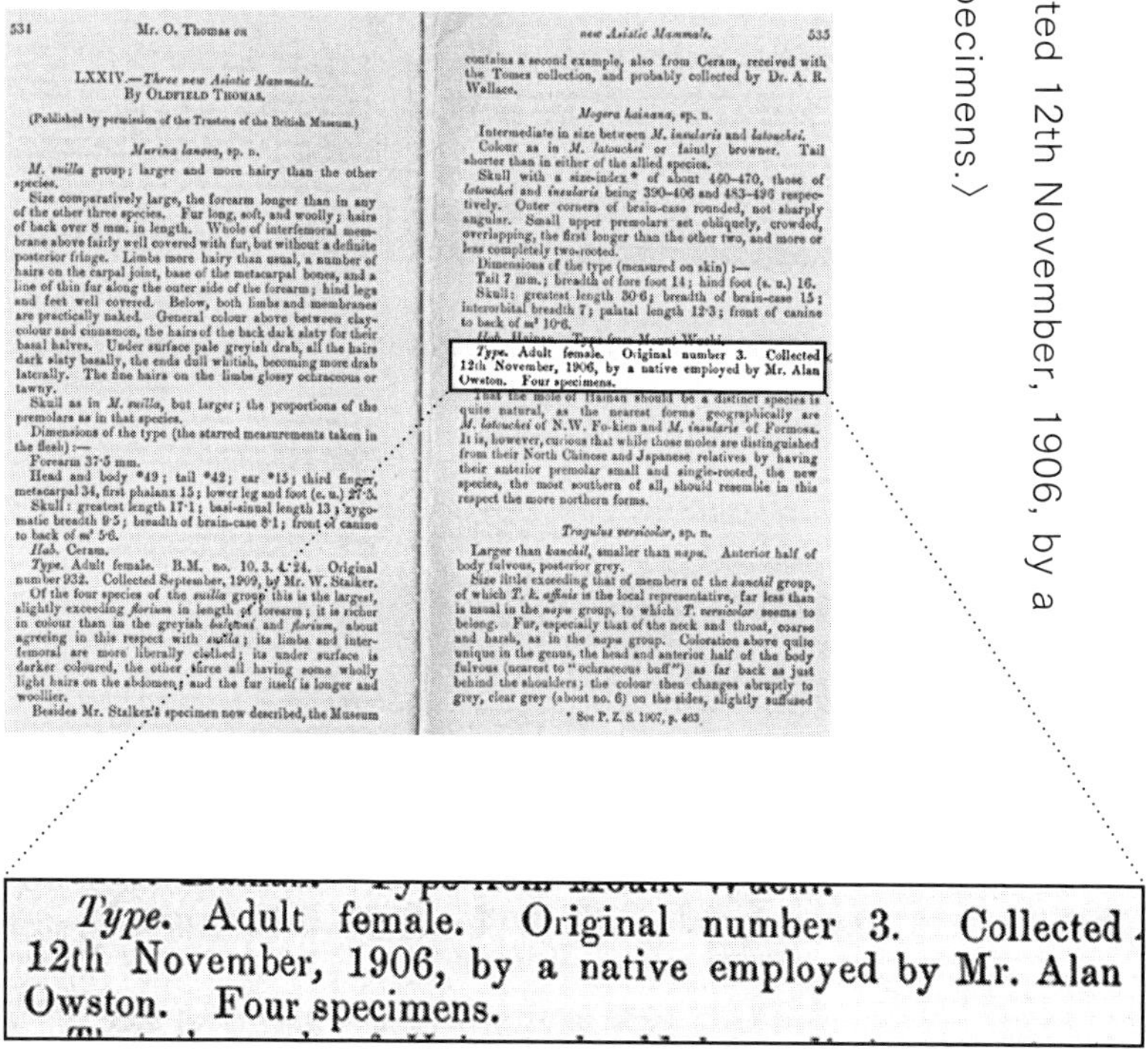

531　Mr. O. Thomas on

LXXIV.—*Three new Asiatic Mammals.* By OLDFIELD THOMAS.

(Published by permission of the Trustees of the British Museum.)

Murina lanosa, sp. n.

M. suilla group; larger and more hairy than the other species.

Size comparatively large, the forearm longer than in any of the other three species. Fur long, soft, and woolly; hairs of back over 8 mm. in length. Whole of interfemoral membrane above fairly well covered with fur, but without a definite posterior fringe. Limbs more hairy than usual, a number of hairs on the carpal joint, base of the metacarpal bones, and a line of thin fur along the outer side of the forearm; hind legs and feet well covered. Below, both limbs and membranes are practically naked. General colour above between clay-colour and cinnamon, the hairs of the back dark slaty for their basal halves. Under surface pale greyish drab, all the hairs dark slaty basally, the ends dull whitish, becoming more drab laterally. The fine hairs on the limbs glossy ochraceous or tawny.

Skull as in *M. suilla*, but larger; the proportions of the premolars as in that species.

Dimensions of the type (the starred measurements taken in the flesh):—

Forearm 37·5 mm.

Head and body *49; tail *42; ear *15; third finger, metacarpal 34, first phalanx 15; lower leg and foot (c. u.) 27·5.

Skull: greatest length 17·1; basi-sinual length 13; zygomatic breadth 9·5; breadth of brain-case 8·1; front of canine to back of m³ 5·6.

Hab. Ceram.

Type. Adult female. B.M. no. 10. 3. 4. 24. Original number 932. Collected September, 1909, by Mr. W. Stalker.

Of the four species of the *suilla* group this is the largest, slightly exceeding *florium* in length of forearm; it is richer in colour than in the greyish *balstoni* and *florium*, about agreeing in this respect with *suilla*; its limbs and interfemoral are more liberally clothed; its under surface is darker coloured, the other three all having some wholly light hairs on the abdomen; and the fur itself is longer and woollier.

Besides Mr. Stalker's specimen now described, the Museum

new Asiatic Mammals.　535

contains a second example, also from Ceram, received with the Tomes collection, and probably collected by Dr. A. R. Wallace.

Mogera hainana, sp. n.

Intermediate in size between *M. insularis* and *latouchei*.

Colour as in *M. latouchei* or faintly browner. Tail shorter than in either of the allied species.

Skull with a size-index* of about 460–470, those of *latouchei* and *insularis* being 390–406 and 483–496 respectively. Outer corners of brain-case rounded, not sharply angular. Small upper premolars set obliquely, crowded, overlapping, the first longer than the other two, and more or less completely two-rooted.

Dimensions of the type (measured on skin):—

Tail 7 mm.; breadth of fore foot 14; hind foot (s. u.) 16.

Skull: greatest length 30·6; breadth of brain-case 15; interorbital breadth 7; palatal length 12·3; front of canine to back of m³ 10·6.

Hab. Hainan. Type from Mount Wuchi.

Type. Adult female. Original number 3. Collected 12th November, 1906, by a native employed by Mr. Alan Owston. Four specimens.

That the mole of Hainan should be a distinct species is quite natural, as the nearest forms geographically are *M. latouchei* of N.W. Fo-kien and *M. insularis* of Formosa. It is, however, curious that while those moles are distinguished from their North Chinese and Japanese relatives by having their anterior premolar small and single-rooted, the new species, the most southern of all, should resemble in this respect the more northern forms.

Tragulus versicolor, sp. n.

Larger than *kanchil*, smaller than *napu*. Anterior half of body fulvous, posterior grey.

Size little exceeding that of members of the *kanchil* group, of which *T. k. affinis* is the local representative, far less than is usual in the *napu* group, to which *T. versicolor* seems to belong. Fur, especially that of the neck and throat, coarse and harsh, as in the *napu* group. Coloration above quite unique in the genus, the head and anterior half of the body fulvous (nearest to "ochraceous buff") as far back as just behind the shoulders; the colour then changes abruptly to grey, clear grey (about no. 6) on the sides, slightly suffused

* See P. Z. S. 1907, p. 463.

Type. Adult female. Original number 3. Collected 12th November, 1906, by a native employed by Mr. Alan Owston. Four specimens.

横浜ヨット協会に残されているオーストンの肖像写真。30 ～ 40歳くらいであろうか。
（提供：一般社団法人 横浜ヨット協会）

一九一五年に彼が横浜で死亡した翌年に、永澤六郎《ながさわろくろう》という人物により書かれた小伝があるほか、磯野直秀《いそのなおひで》により執筆された『三崎臨海実験所を去来した人たち』にやや詳しい文章が見つかった。これは神奈川県三浦半島にある東京大学三崎臨海実験所の歴

『三崎臨海実験所を去来した人たち ―日本における動物学の誕生』
磯野直秀 著／学会出版センター／一九八八年刊

箕作佳吉
一八五八 - 一九〇九
動物学者。欧米で動物学を学んだ後、帝国大学の日本人初の動物学教授になる。

飯島魁
一八六一 - 一九二一
動物学者。日本の寄生虫学の開祖。海綿類についても多くの業績を残す。

史について書かれた本で、その設立に向けて尽力した東京帝国大学（現・東京大学）教授の箕作佳吉《みつくりかきち》や飯島魁《いいじまいさお》、また彼らや彼らの指導学生の研究を手伝った人物が総覧されたものである。

オーストンは明治時代の動物学において彼の所有するヨット「ゴールデン・ハインド」を操縦して海産動物の採集を行い、東京帝国大学に提供した人物として紹介されている。記述によれば、一八七〇年を過ぎた頃に来日し、当初は商社勤務だったが後に独立して鉄製品の輸入・輸出が本業の「オーストン商会」を経営していた。一八九〇年代になると、日本各地で得られた自然史標本を業務の一部に加え、主として鳥類や魚類の標本を国内外に販売し、日本の自然史研究に貢献したとされている。

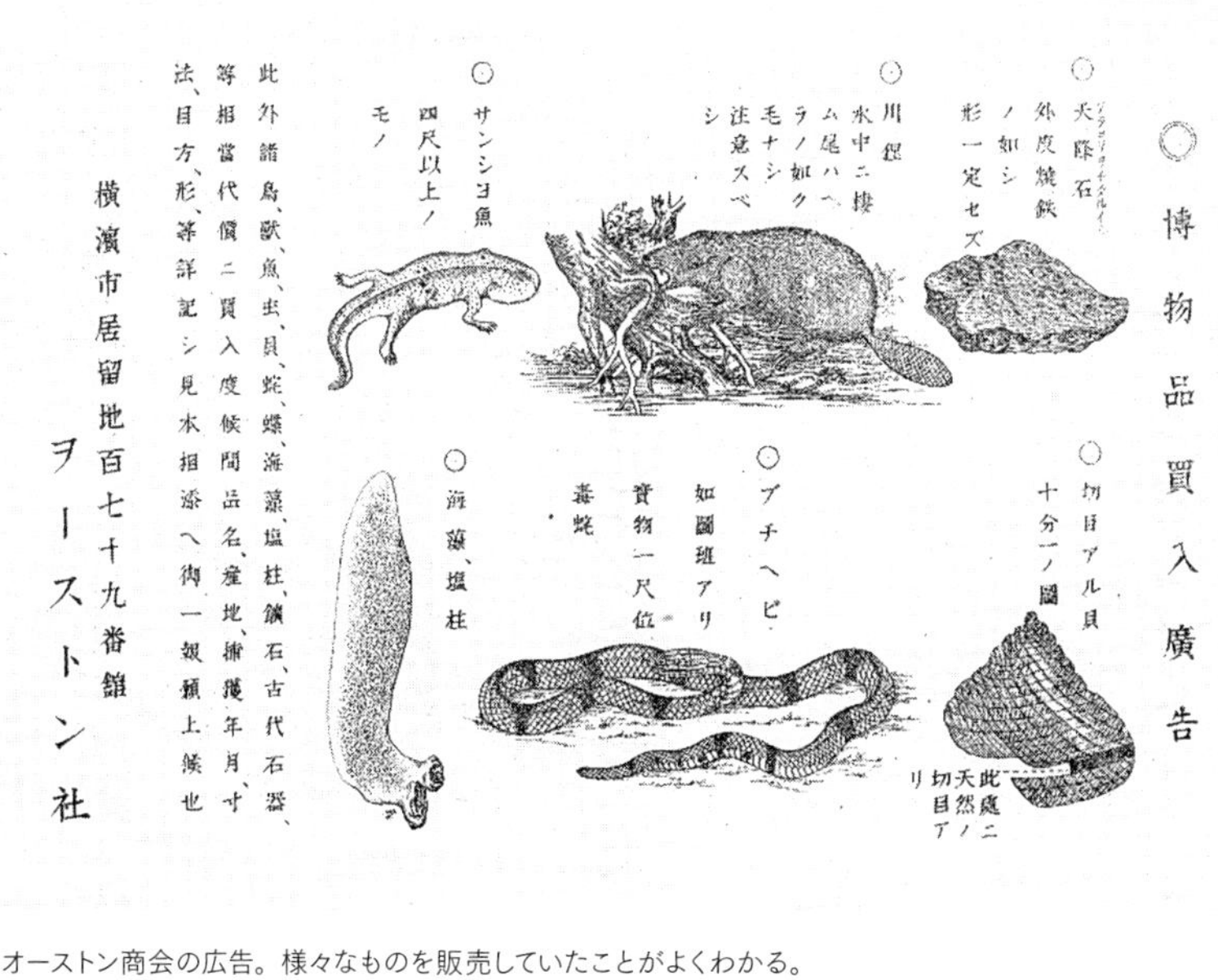

オーストン商会の広告。様々なものを販売していたことがよくわかる。

このあたりまで調べたところで、僕はハイナンモグラをイギリスに送ったオーストンという人物に多大な関心を抱くようになった。明治から大正の初期を横浜で過ごし、標本商として活躍したイギリス人。一体どのような人物だったのだろうか。どのようにして海南島のモグラを入手したのだろうか。

しかしこの時点ではさらなる資料も発見できておらず、この話が発展していくまでには少しばかりの時間が必要だった。

この調査を再び進めてみようと考えたのは、二〇一〇年のことだ。日本哺乳類学会の岐阜大会で、友人から標本だけでなくそれに付随する文書などの「二次資料」の研究に関する自由集会を開催したいので、何か面白い話題があったら提供してほしいという依頼があったことがきっかけだった。僕はハイナンモグラの標本ラベルについての謎をふと思い出し、日本とイギリスに保存されたラベルの話を軽く話すつもりで承諾した。ところが話の内容をまとめていく過程で、様々な情報が集まり、ハイナンモグラの採集者と思われる人物や、海南島での調査を依頼したある財閥の存在にまでたどり着くこととなる。

調査の過程でわかってきたことは、動物学の歴史は標本の歴史であるということ。そして標本は人の所業であるということだ。つまり動物に名前が付けられたり、博物館のコレクションとして残されてきた経緯を理解するには、それにかかわった人物について理解していく必要があるということである。

日本の自然史研究の発展の裏にはどんな人物たちの活躍があったのだろうか。

標本ラベルの謎に取りかかる前に、まずは僕の主戦場であるモグラの研究史を舞台に、その起源からの物語に迫ってみるとしよう。

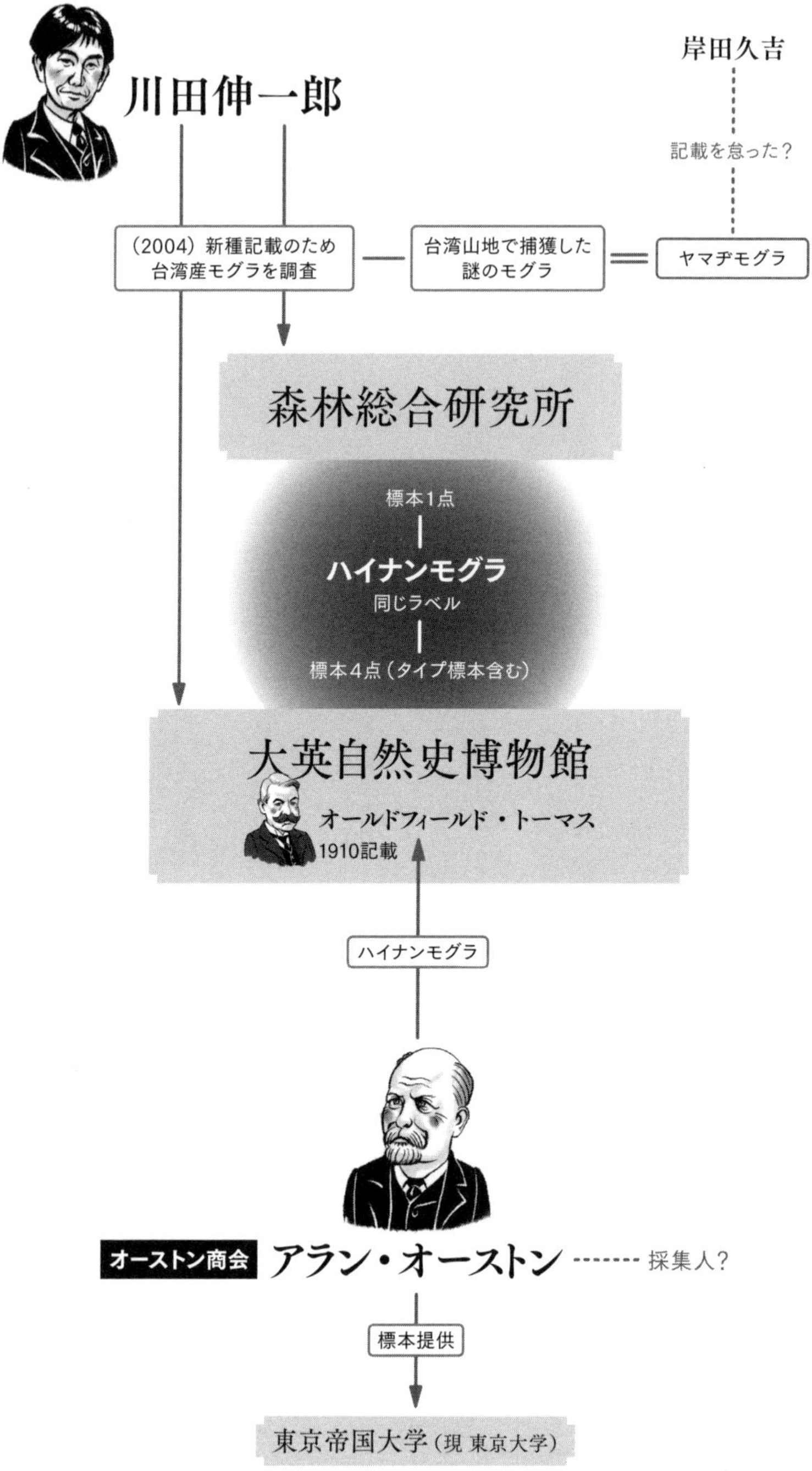
川田伸一郎
岸田久吉
記載を怠った？
（2004）新種記載のため
台湾産モグラを調査
台湾山地で捕獲した
謎のモグラ
ヤマジモグラ
森林総合研究所
標本1点
ハイナンモグラ
同じラベル
標本4点（タイプ標本含む）
大英自然史博物館
オールドフィールド・トーマス
1910記載
ハイナンモグラ
オーストン商会
アラン・オーストン
採集人？
標本提供
東京帝国大学（現 東京大学）

第2章

動物学誕生前夜、残された動物たちの記録

モグラを最初に記録した者

モグラという動物を最初に研究したのは誰だったのか？

この問いに対する答えはなんと古代ギリシャの哲学者、アリストテレスということになるだろうか。いわずと知られるこの人物には、博物学者としての素養も十分にあった。

彼は身の回りにある自然物に関して、その特徴について述べた百科全書とも呼べる書物を記し、動物学についても『動物誌』として膨大な記述にまとめている。これは和訳もされており、丁寧にも動物名の索引までついているので、動物に対する古代の人々の認識を知るうえで有用である。

モグラについては、アリストテレスは四つの文章にまとめている。これらはいずれも短いものなので、島崎三郎訳の岩波文庫版から、以下に引用しよう。

「住居の有るものと無いものがあるが、住居のあるものは、たとえば、モグラ、ネズミ、アリ、ミツバチで、ないものは、多くの有節類や四足類である。」

アリストテレス
Aristotles
三八四-三二二B.C.
古代ギリシャの哲学者。プラトンの弟子であり、「万学の祖」と呼ばれる。

『動物誌』（文庫）
アリストテレース 著／島崎三郎 訳／岩波書店／一九九八年刊
引用：（上巻）P26／P40／P180-181／（下巻）P103

「人間以外の動物も、殻皮類、その他の不完全なものを除き、すべての類に眼があり、胎生動物なら、モグラ以外はすべてそうである。モグラは、ある意味では眼があるともいえるし、まったくないともいえる。なぜなら、まったく見えないし、外からはっきり見えるような眼はないからで、皮膚をはぎ取ってみると、がんらい体表の、眼のために備えられた場所あるいは領域に、眼の領域と黒目とがあって、あたかも眼が発生の途中で退化し、その上を皮膚が被ったもののようである。」

「諸感覚は、(略)最も多く備わっている場合は、(これらの他には特殊の感覚はないと思われるが)五つで、視覚、聴覚、嗅覚、味覚、触覚である。ところで、ヒトと陸上の胎生類【クジラ類を除く】、さらに、有血の卵生類も、みなこれらをすべて備えているように見えるが、ただ、モグラ類のように、一つの類が退化した場合は別である。すなわち、モグラには視覚がないからで、実際に外から見える眼はないが、厚い皮を頭からはぐと、外側で眼のあるべき領域の内側に、だめになった眼があり、これには本当の眼にあるのと同じ部分がすべて備わっている。すなわち、黒目と、黒目の内部のいわゆる「瞳孔」と、その周囲の脂肪質の所【白目】があるが、これらはすべて外から見える眼の場合より小さい。しかし、皮が厚いために、外からは眼の徴は何も見えないので、発生の途中で本性が退化したかの如く見える。(というのは、脳の脊髄との接着点から腱状の強靭な二本の管が出て、眼の座【眼窩】そのものに沿って伸び、上の牙に終っているからである。)モグラ以外の上述の動物には、色と音の感覚、および臭いと味の感覚がある。「触覚」と称する第五の感覚は、(その他の)あらゆる動物にある。」

「ボイオティアではモグラはオルコメノス付近にはたくさんいるが、その隣りのレバディア地方にはいないし、そっちの方へ運び移しても、土を掘って元へ戻ろうとする。」

最初の文章は、動物の住居に関する記述の一部だ。彼はモグラがトンネル生活を行うことを熟知していて、形成されたトンネル網を「住居」とみなしてこのような記述を行ったのであろう。

二つ目の文章はなかなか興味深いもので、胎生動物(哺乳類のことと思われる)のなかでもモグラの眼は痕跡的であり、皮膚に埋もれている点が記されている。ギリシャには現在、ギリシャモグラ *Talpa stankovici* というモグラが分布している。しかしこの種だったのかどうかは、その標本自体が現存していないし、そもそもアリストテレスが標本を保存していたのかどうかもわからないため、証明のしようもない。ただし確かにギリシャモグラの眼は皮膚で覆われていて、彼の記述と一致する。一方ヨーロッパに広く分布する別種のヨーロッパモグラでは眼が開いているという特徴があり、この種の存在を知っていたらびっくりしたことだろう。モグラの眼は皮膚に埋もれて機能的ではないが、視神経や視細胞は存在していて、わずかな光は感じていると考えられている。三つ目の記述ではまさにその通りのことが記されているように見え、驚かされる。そもそも「五感」という概念がここで生まれていたのにも驚きだ。

四つ目の記述ではモグラの分布が記されている。ボイオティアはアテネに隣接した地域で、実はこの地域には現在モグラは分布していないとされている。一方で地中性齧歯類であるメクラネズミの一種が分布しているので、彼が見た「不完全な眼を持つ哺乳類」とはこのメクラネズミだった可能性もあるのだという。

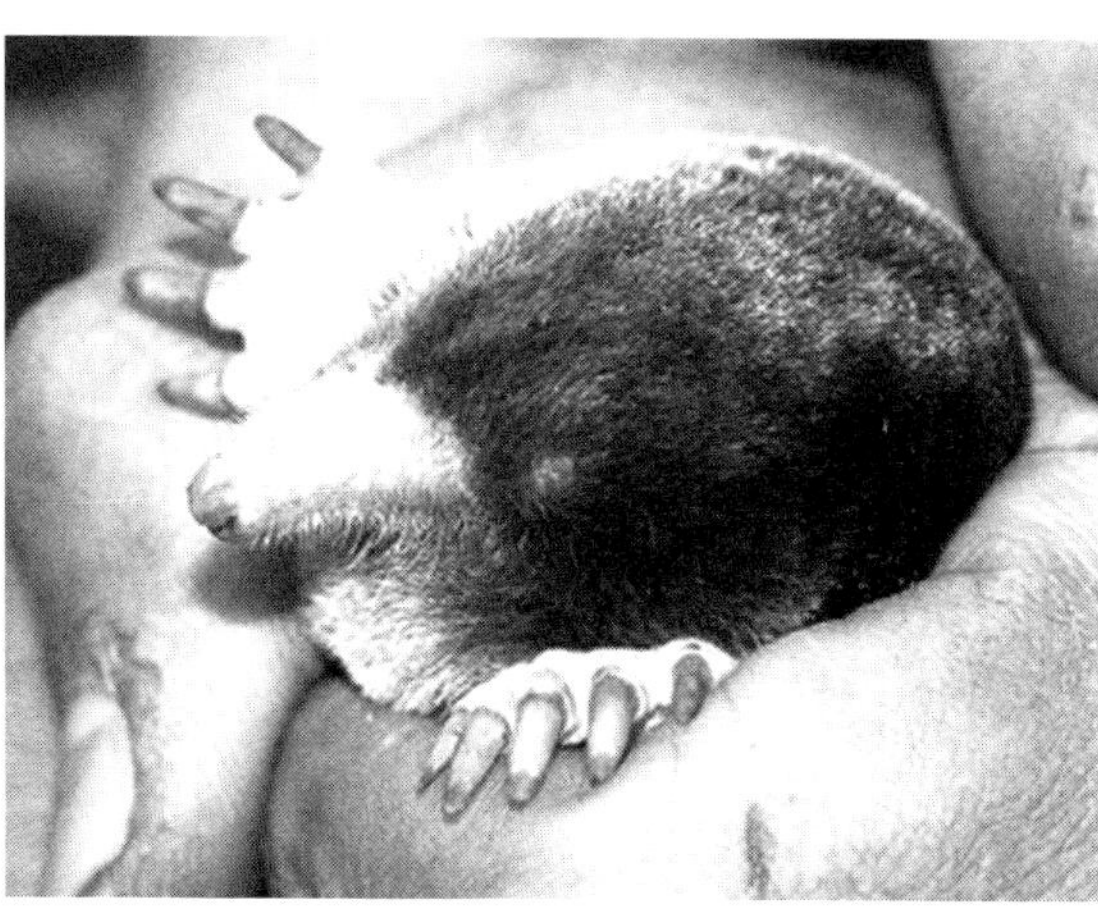

タイに分布するクロスモグラをはじめとして、アジア産モグラ類の眼は薄い皮膚に覆われている。

ルネサンス時代の動物誌

ヨーロッパの学術は十六世紀までの暗黒時代と呼ばれる時期にはあまり進展しなかった。動植物などの博物学に関しても、人々はアリストテレスやプリニウスといった古代の学者が残した記述で知るのみで、そのなかには今ではＵＭＡなどと呼ばれるような生き物さえ紹介されていた。

時代が下ってルネサンスとなれば、それまでに紹介されていた動植物に対する見方が改変されてくる。動物などを描いた図は古いものが繰り返し模写されて、少しずつ原型をとどめないものとなっていたが、この時代に活躍した博物学者は、可能な限り自分の目で見て書物に記録を残すことに積極的だった。

我々が現在その書として閲覧可能なものを執筆したのは、コンラート・ゲスナーであろう。ゲスナーの『動物誌』は一五五〇年代に執筆されたものだが、今ではインター

UMA
目撃談や噂話でのみ伝えられ、生物学的には確認されていない未知の生物のこと。

ルネサンス
十四世紀にイタリアで始まり、十五世紀末に本格化した大航海時代、十六世紀の宗教改革などの動きとともにしながら、ヨーロッパ全土に展開した文化・芸術の運動。欧州近代文化の基礎となった。

コンラート・ゲスナー
Conrad Gesner
一五一六－一五六五
スイスの博物学者。全5巻からなる『動物誌』は近代動物学の先駆けといわれる。

ネットで公開されていて誰でも閲覧・ダウンロードできる。哺乳類にかかわるところだけで1100ページ以上にわたる膨大なもので、すべてラテン語表記のアルファベット順に紹介されている。モグラはラテン語で*Talpa*というが、このページを見ると美しく描かれたイラストのあとに細かな記述が並んでいる。僕はラテン語は学名の意味を読み取る程度にしかかじったことがなく、これを理解しようとすれば相当な時間がかかるところだが、幸いなことに、エドワード・トプセルなる人物がこれを元に書いたといわれる英語の『History of Four-footed Beasts and Serpents』というものがある。これを読むと、モグラの眼や耳の特徴、解剖学的な所見がいかによく調べられているかがわかる。冒頭には「多くの人はモグラがネズミの仲間であると考えているが、これらは全く別物である」との記述があり、現在一般に受け入れられている分類にも合致するのである。本書の読者に向けて念のために解説すると、ネズミ類（齧歯目）はモグラを含む食虫類とは系統的には大きく離れており、むしろ我々霊長目により近縁な関係にある。ゲスナーの先見性たるや、見事なものである。

ゲスナーの『動物誌』に描かれているモグラの図は非常によくこの動物の特徴をと

エドワード・トプセル
Edward Topsell
一五七二－一六二五
イギリスの牧師。ゲスナーが書いた『動物誌』を翻訳し、その内容に独自の説を交えた動物図鑑を残した。

らえている。彼はスイスの博物学者だが、この地にはヨーロッパモグラとチチュウカイモグラ *Talpa caeca* という2種のモグラが分布しており、身近な存在であっただろう。しかしながらモグラは地中生活を行う小哺乳類で、ほとんど地上に出現することはないので観察するのが難しい。日本では春から夏にかけて、その年生まれの若い個体が母親の保護から離れて独立する際に地上に出て分散する。この折に肉食獣に捕獲されたものが放置され、死体が発見されることがしばしばある。ゲスナーが暮らしたスイスでも同様なことがあっただろうか。彼はそれを見て記録することもあったと思うが、その記述には捕獲して調査したような内容も見受けられるので、モグラという動物を知るために相当な努力が伴ったことが想像できる。

ゲスナーの『動物誌』には想像上の動物なども描かれているため、「ちょっとおかしな本」と思われがちなのだが、それはゲスナー自身がヨーロッパを離れて調査を行う機会を得ることができなかったという境遇にあるのだろう。ことモグラに関しては、この動物を初めて正確に記述した人といってもよいと思えるのである。

ゲスナーの『動物誌』に描かれたモグラ。

リンネが見た、あるいは見なかったモグラ

古代の動物に対する情報は調べた人の認識によるものが多く、また名前が統一されていなかったという事情もあってかなりあいまいである。近代になると「昔誰それが○○と呼んだ動物は一体僕が見ているどの動物にあたるのだろう」と共通の認識を求めるようになり、動物分類学の誕生につながっていく。その立役者がカロルス・リンネウス、通称リンネということになろう。

リンネは十八世紀の博物学における最重要人物だ。彼はそれまで各国独自の言語で動物を呼称していたのを、統一の言語としてラテン語の名称で呼ぶことを提案した。また、それまでにはとんでもなく長い名前が付けられていたものも多々あったが、これを改善するために我々の名前でいうところの姓と名の二つの単語で記すことで、広く普及を図った。姓と名はそれぞれ属と種を示すものである。

その頃のヨーロッパ諸国では、新しい動物が見つかると、それまで呼ばれていた名

カロルス・リンネウス
Carolus Linnaeus
一七〇七－一七七八
スウェーデンの博物学者。生物学者。植物学者。「分類学の父」と呼ばれる。

前に形容詞をどんどん付加していく習慣があったようだ。日本のモグラで例えると、まず「モグラ」がいて、これがヨーロッパのものとは違うことがわかり「ニホンモグラ」と呼ばれるようになる、といった具合である。さらに日本のモグラが東西で2種いることがわかるとそれぞれ「アズマニホンモグラ」と「コウベニホンモグラ」という名前で呼ばれるようになり、後者のモグラのうち屋久島の個体群は小さめでちょっと違うということがわかると、この群をさらに「ヤクシマコウベニホンモグラ」と呼ぶようになる……。このような感じで名前を長くしていくとその動物の実態がかえってわかりづらくなるので、さっぱりと姓（属）と名（種）の二つの単語で表しましょう、というのが、いわゆる二名法だ。例えばこの屋久島産モグラであれば「モゲラ　カナイ（*Mogera kanai*）」という二つの単語を使って表し、その特徴や分布を記述して世界中で共有すれば事足りる。単語は動物の実態を映したものであることが望ましいのは確かだが、それにより複雑な名前になるならば、それほどこだわる必要もない。いわば記号のようなものだ。覚えやすさにこだわった結果である。

さて、リンネは彼が知りうる限りの動物を、似通った特徴を持つグループに分けて整理する作業も行った。子を産み、乳を飲んで子供が育つ動物を哺乳類（Mammalia）としてまとめて、それを8つの目（Order）に分けて細分し、さらにそのなかで属と種を命名してまとめたのが一七五八年に著した『自然の体系 第十版』である。この本が現在では動物分類学における起点とされており、つまり最も古い学名はこの本に掲載されたものと決められている。

リンネは、もちろんモグラという動物についても知っていた。ところが不思議なことに、これをイノシシやハリネズミ、さらに有袋類のオポッサムとともに「Bestiae」という目にまとめている。西村三郎著『文明のなかの博物学』によるとこの日本語訳は「吻獣目」とされているのだが、どうやらリンネはモグラの吻《ふん》（つまり鼻先）がひょろりと伸びてよく動くところに注目して、似通った哺乳類をまとめたようだ。そして彼に一番なじみがあるモグラをヨーロッパモグラ *Talpa europaea*（属名はモグラのラテン語で、種小名は「ヨーロッパの」の意味）と名付けている。そのほかに現在モグラの仲間とされている動物でリンネが名前を付けたのは、ホシバナモグラ *Condylura cristata*、トウブモグラ *Scalopus aquaticus* 及びロシアデスマン *Desmana moschata* である。

『文明のなかの博物学―西欧と日本』
西村三郎 著／紀伊國屋書店／一九九九年刊

リンネの分類には現在の分類と一致しない点がたくさんある。その代表的なものとして面白いのがロシアデスマンだ。なんとビーバーの仲間（齧歯目ビーバー属）として扱われている。これは、デスマン類が半水生の生活スタイルを持ち、尾が推進力を生みやすい扁平な形をしていること（ただしビーバーのように水平方向にではなく、垂直方向に扁平）、また第一切歯が非常に大きく突出しているのがネズミ類に見えたことによるのだろう。

また、ホシバナモグラとトウブモグラについても見逃せない点がある。これらは北米に分布する種で、前者は鼻先に合計22本の肉質の突起が生えていて、「鼻が花開いた」ような、ダジャレのような形状をしていることで有名である。後者は、ヨーロッパや日本のモグラと大差ない見た目をしている。ところがこの2種は*Sorex*属、すなわちトガリネズミの種にされているのである。モグラの仲間とトガリネズミの仲間は類縁が近い2グループとされているので先見性はあったともいえるが、大きな掌を持ち完全な穴掘り生活をするホシバナモグラとトウブモグラの姿を見れば、どう考えてもヨーロッパのモグラと同じ仲間にしたはずだ。リンネはなぜこのような分類をしたのだろうか。

この謎は、リンネによる記載文を解読するとよくわかる（ラテン語で記されているが、彼の記載は短いので僕にも理解可能だ）。リンネがトガリネズミとモグラの特徴として挙げたのは前歯の数だったようで、上2本下4本の前歯を持つものをトガリネズミ、上6本下8本の前歯を持つものをモグラと考えたのである。リンネの本業は植物学者であり、彼の業績として有名なのが雄蕊《おしべ》と雌蕊《めしべ》の数で植物を分類するという、一般の人にわかりやすく応用できる分類法（ただし、生物学的には問題がある方法）を提案したことだ。彼には動物の知識はあまりなかっただろうが、歯に着目したのはなかなかで、現在でも歯の数をあらわした歯式は哺乳類の分類には重要な指標である。外形から見てわかりやすい哺乳類の分類の指標として、

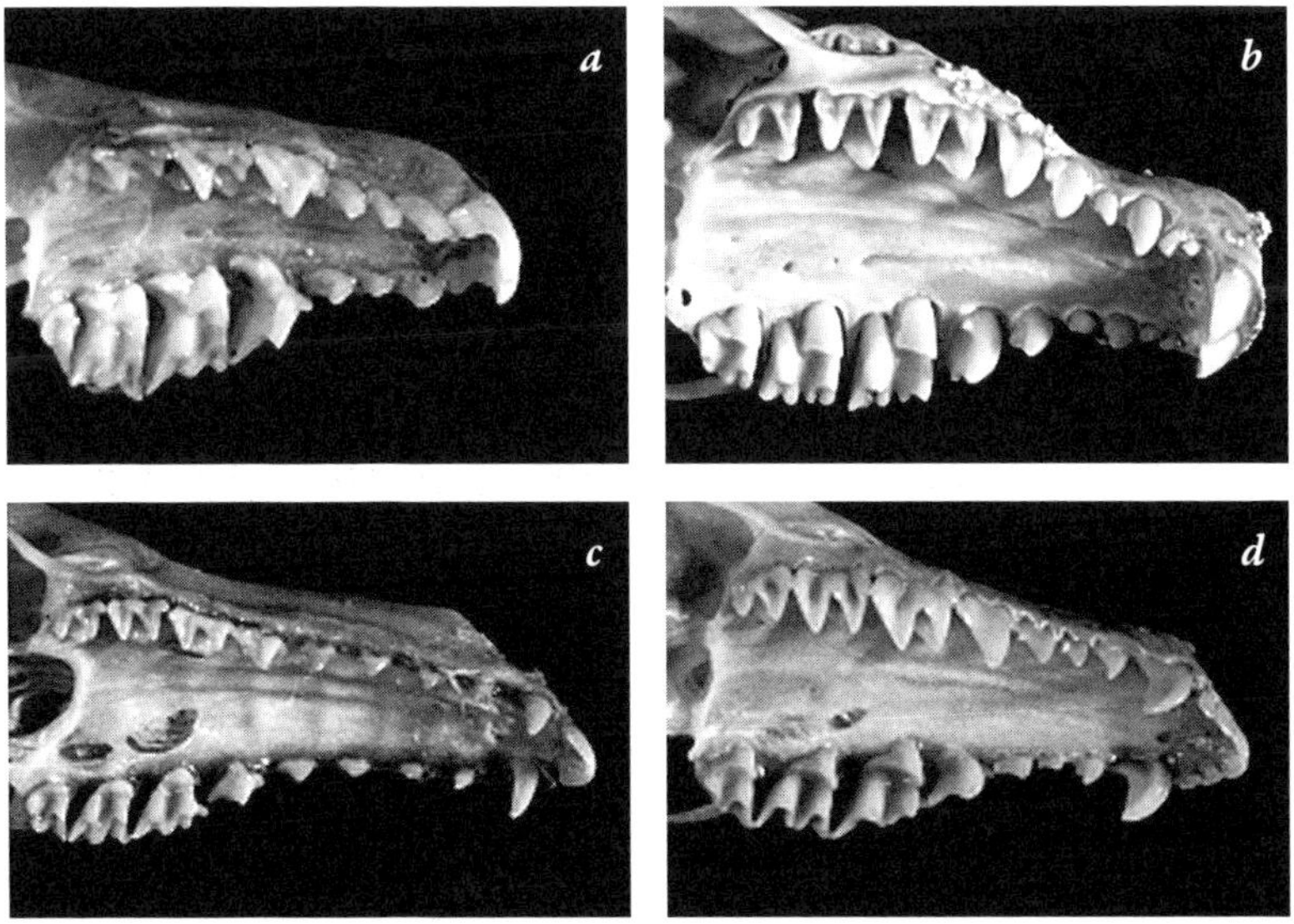

食虫類のうち、トガリネズミ科のカワネズミ（a）、モグラ科のトウブモグラ（b）、ホシバナモグラ（c）、ミズラモグラ（d）の上顎歯列。a～cでは一番前の歯が突出して、2本の前歯があるように見える。dでは6本となっている。

唇をめくれば見える前歯の数で示そうと考えたのだろう。ところがモグラではうまくいかなかった。

なぜかというと、ヨーロッパやアジアのモグラと北米のモグラでは前歯(切歯《せっし》)の形態が全く異なっているのである。ヨーロッパのモグラは非常によく発達した犬歯《けんし》を持っており、この前に並ぶ3対の小さい歯が前歯と認識できる。ところが北米側では歯列の一番前の歯が非常に大きく発達していて、その後ろに小さな歯がたくさん配置されている。この特徴はトガリネズミ類に類似しているので、歯並びだけを見たらモグラではないと思ってもおかしくない。

リンネは彼の分類体系をまとめる過程で、それまでに出版されていた多くの書籍を引用した。彼にモグラを捕まえる能力があったかどうかは知らないが、主として研究生活を送ったスウェーデン中部には現在モグラは分布していないことになっている。しかしスウェーデンでももう少し南部の地方には分布している。彼はオランダに留学したこともあり、また広くヨーロッパ各地を旅行した人であるから、ヨーロッパモグラについては実物を見るこ

ホシバナモグラ(左)とその魅惑的な鼻(右)。リンネはこの鼻を知らなかったのか?
(写真左　提供:Kevin Campbell)

とがあっただろう。しかしさすがに北米産のモグラは見たことがなかったのではなかろうか。なぜならリンネはホシバナモグラの一番奇妙な特徴ともいえる鼻の形態について、何も述べていないのである。もしかしたらリンネは実物を見ることもなく、当時書かれていた本の記述などに頼ってこれらを分類したのかもしれない。リンネの調査した標本は今もストックホルムの博物館にあるという噂もある。一度見てみたいものだ。

鎖国下の日本で

アジアのモグラ研究は十九世紀前半に、ヨーロッパから派遣されたナチュラリストたちによって開始された。その最初のステージが日本であったことを知れば、どれくらいの人が驚くだろうか。立役者はかの有名なフリッツ・フランツ・フォン・シーボルトである。

彼はオランダ政府の日本商館に滞在する医師兼ナチュラリストとして一八二三年に

フリッツ・フランツ・フォン・シーボルト
Philipp Franz von Siebold
一七九六－一八六六
ドイツの医師。博物学者。当時の西洋医学を日本に伝えるとともに、日本の物産品を大量にオランダに送った。

来日し、以後七年余りを長崎の出島で過ごした。彼が日本滞在中に多くの野生生物を収集し、本国オランダへ送った話は有名である。滞在中、彼はオランダ商館長に同行して江戸参府にも参加し、長崎・東京間を旅行した。その際にもオオサンショウウオ *Andrias japonicus* やニホンオオカミ *Canis lupus hodophilax* といった貴重な動物を採集し、標本のみならず、生体も長崎に持ち帰って観察した。

なかにはオランダまで生きたまま送られて、アムステルダムの動物園で飼育されたものすらある。その一つにニホンザル *Macaca fuscata* があるが、この種はヒトを除く北限の霊長類として知られるものである。つまりヨーロッパには野生のサルはいない。しかも霊長類のなかでも尾が非常に短いのも独特である。シーボルトが生きた状態で持ち帰ったニホンザルは、ヨーロッパの人々の目にどのように映ったであろうか。また、シーボルトが生きているオオサンショウウオを持ち帰った話は有名で、この個体はアムステルダム動物園で一八八一年六月までの五十一年間生きていたのだという。両生類の最大種であるこの動物も、日本と中国にそれぞれ1種があり、北米にもやや小ぶりの種が現存種として存在するのみである。きっと多くの人を驚かせたに違いない。

日本列島は大陸から海で隔離されており、そこに住む生物の多様性は世界的に見ても特異である。モグラの仲間に関しても、日本産の8種は現在すべて日本固有種として位置付けられ、そのうちヒミズと呼ばれる半地中性のモグラはオオサンショウウオと同様、日本・中国・北米西海岸という限られた地域にのみ分布することから、ヨーロッパの人にとっては珍奇な動物であろう。

シーボルトが持ち帰ったこれらの動物の標本は、ライデン自然史博物館の館長にして鳥獣学者のコンラート・ヤコブ・テミンクにより歓迎されたに違いない。テミンクが研究した哺乳類は片っ端から新種として命名され、『日本動物誌』という書物にまとめられてヨーロッパに広く紹介された。

シーボルトが持ち帰った哺乳類標本のうち有名なものはニホンオオカミが筆頭だが、彼は決して珍しいもの、大きくて立派なもの、美しいものといった基準で標本を集めたわけではなかった。いわゆる普通種と呼ばれるアカネズミやタヌキのようなものもそのコレクションにはあった。身近なものから珍しいものまで、なんでも収集して標本として持ち帰った点に、彼のナチュラリストとしての資質を見ることができる。モ

コンラート・ヤコブ・テミンク
Coenraad Jacob Temminck
一七七八 - 一八五八
オランダの貴族。動物学者。鳥類学者。ライデン自然史博物館の初代館長を務めた。

グラについても見逃すことなく収集し、多くの標本がシーボルトコレクションとして、現在でもオランダのライデン自然史博物館（ナチュラリス）に保管されている。

シーボルトの「ニッポン」の標本

日本の動物分類学者は皆ライデンを訪れる。これは、シーボルトが日本で動物採集を行った時代が、自国の研究者が行うようになるよりも五十年も昔のことだったからである。シーボルトが採集した標本の研究成果によって『日本動物誌』（一八三三～一八五〇）が出版され、この本がおよそ日本の動物に関する最初の記録になっている。つまり、ライデンに眠るシーボルトコレクションのほとんどは、日本産動物がヨーロッパで新種として紹介されるきっかけとなったタイプ標本で構成されているのだ。日本産動物の分類を研究しようと思えば必然的に訪問せざるを得ない「始まりの地」なのである。

僕がライデンを訪れたのは、二〇〇四年十一月のことだ。先に述べた大英自然史博物館調査の際、せっかくの機会なので少しでも多くの標本を調査しようと、中部国際空港からバンコクを経由して、まずアムステルダムに入った。アムステルダムから博物館があるライデンまでは電車で三十分程度。日本のモグラの最も古い標本が残されているこの博物館に、僕が立ち寄らないわけがない。

ここに残されていたシーボルト標本は、合計15点だった。またそれとは別に、僕が課題としていた台湾産のモグラもいくつかある。これらは、オランダがこの時代に台湾から直接入手したのではなく、どうやらシーボルトの日本産標本との物々交換によって、イギリスから仕入れたものらしい。標本ラベルには「R. Swinhoe」という採集者の名前が書かれていた。この人物については後で述べることにしよう。

当時の様子を考えてみると、江戸時代の日本は鎖国中であり、オランダ以外の国との交易は厳しく制限されていた。そのためシーボルトがオランダに運んだ自然史標本は、ほかのヨーロッパの国々にとって、なんとかして得たい「ニッポン」の標本だったろう。幸いにもシーボルトは熱心に標本を集める人だったから、一つの種に関してもたくさんの標本をコレクションとしてオランダに送っていた。それが唯一の標本であれば他国に譲ることもためらうが、たくさん持っていれば一つや二つは手放しても問題はないだろう。そんな感覚が当時の博物館にはあったのではないか。

かくしてシーボルトが収集した標本は、貴重な日本の自然物としてそこに収まるだけでなく、ほかのヨーロッパ諸国が植民地として統治する国の標本を入手するための切り札として、ライデン自然史博物館のコレクションを充実させるのに効力を発揮したのである。

ホジソンと幻の第一号

欧米諸国がアジアの地に領土の拡大を推進した十九世紀、オランダと日本の関係はまずまず良好であったわけだが、多くの場合で、国対国というのは強弱の関係になりがちである。一方が他方をやっつけて支配する。歴史上このような侵略行為は自然物、特にスパイスなどの香料や茶葉といった、欧米に乏しい自然資源を求めたものが多々あったといわれる。貴重な資源を求めて植民地へと渡った人々は、その地にある自然物を片っ端から収集して記録していった。生物の研究史は侵略の歴史と見ることもできそうである。ことモグラに関しても、資源を求めてアジアで探検を行ったオランダとイギリスの進出による成果があった。

オランダにおけるシーボルトの活躍と時を同じくして、イギリスでは彼らの植民地であるインド周辺で、調査のために送り込まれた多くのナチュラリストが活躍していた。南アジアの自然史研究において重要な人物がブライアン・ホートン・ホジソンである。

彼は最初、インドのカルカッタへ東インド会社の社員として渡航するが、土地の気候が体に合わず、ネパールの駐在公使補佐官として働き、後にインドのダージリンに移った。その傍ら自前の自然史に関する探究心を発揮して、鳥類や哺乳類を中心とする動物を調べた。また自然史への関心のみならず、仏教の研究にも精力的に取り組み、民俗学的な研究を行ったことでも知られる。

彼については洋書の素晴らしい伝記があり、それに詳しい。残念ながら日本語版は

ブライアン・ホートン・ホジソン
Brian Houghton Hodgson
一八〇一 - 一八九四
イギリスの初代ネパール公使で、博物学者。民族学者。東洋学者。多方面にわたってヒマラヤ研究を行った。

出版されていないが、僕はいつかこの本を翻訳して、日本人に広く読まれるようにしたいと思っている。僕がなぜホジソンにそこまで傾倒するのか、それはホジソンが、アジアにおけるモグラ研究のスタートに大きな足跡を残した人物だからである。

彼についての紹介文を読むと、多くの場合で「ornithologist（鳥類学者）」として紹介されているのだが、彼もシーボルトと同様、動物ならなんでも広く集める人だった。同時代のナチュラリストには、なぜか鳥類学者として紹介される人物が多々見受けられる。動物のなかでも割合に地味な色をした哺乳類は、コレクションや研究の対象としては魅力に欠くものだったのだろうか。鳥は美しく、人はきれいなものを集めたり調べたりすることを志向する。このような状況だから、哺乳類研究は鳥に興味を持つ人のうち、ほかの分類群にも興味の目を向けた純粋なナチュラリスト気質のある人がサイドワークとして始めたもの、という印象がどうも感じられる。

彼はネパールで熱心に脊椎動物の調査を行い、モグラについて重要な業績を残した。採集したモグラを一八四一年にチビオモグラ *Talpa micrura* として記載し（現在の学名は *Euroscaptor micrura*）、これがアジア地域に分布するモグラ類がヨーロッパに紹介された最初の報告となった。

ヨーロッパ産のモグラ類はヨーロッパモグラ属（*Talpa*）というグループに分類されるのだが、彼はイギリスで見慣れていたヨーロッパモグラが漆黒のベルベットの毛に包まれているのに対して、ネパールのモグラでは濃い茶色である点に違和感を持ったに違いない。そして毛をかき分けてよく観察すると、小さな眼の上には薄い皮膚がかぶさっており、眼が開いているヨーロッパモグラとは明らかに異なっている。さらに尾は非常に短く毛がまばらで、体の毛から少し突出する程度しかない。ヨーロッパ産のモグラが比較的長い尾を持ち、毛がふさふさしているのとも明らかに違う。

そこで彼はこのモグラを「小さい尾」を意味する「*micrura*」という名前を付けて記載した。時は一八四一年、シーボルトコレクションのモグラがテミンクによって新種として記載される一年前のことであった。

実はシーボルトは、一八三〇年には日本の標本をオランダに送っていたことがわかっている。つまり、ネパールのチビオモグラよりも先に日本のモグラがヨーロッパに紹介されていてもおかしくはなかったのだ。

なんということだろう、テミンクはあまりにゆっくり仕事をしすぎたらしい。彼が日本のモグラを*Talpa wogura*として記載した一八四二年までに、実に十二年の歳月が経過していた。結果として、アジア産モグラ第一号の称号をネパール産のチビオモグラに持っていかれてしまったことは、いち日本人モグラ研究者としては少々残念ではあるが、一方で、それを成し遂げた人物がホジソンであったことは、個人的には悪くはない気分だ。なにしろ彼は二月一日生まれで、僕と誕生日が同じなのである。

ブライスとモグラの歯

ホジソンに少し遅れてイギリスからインドに到着したのは、エドワード・ブライスである。彼もまた優秀な研究者で、インド周辺の動物に関する多くの種の命名者として知られる。

ブライスがすごいのは、一般的な教育を受けただけで大学は中退し、大学や博物館

エドワード・ブライス
Edward Blyth
一八一〇 - 一八七三
イギリスの動物学者。インドに渡り、そこで研究人生の大半を過ごした。

チャールズ・ダーウィン
Charles Robert Darwin
一八〇九 - 一八八二

といった研究機関には籍を置かずして、アマチュア・ナチュラリストとして動物の観察を行ったことである。彼は多くの時間を自然史博物館の図書室での文献調査に割いて、若い頃に多数の論文を発表した。その成果がイギリスの東インド会社に認められ、インドのカルカッタにある自然史博物館のキュレーターという職を授かってその地で研究を継続することとなった。

また彼は、かのチャールズ・ダーウィンが進化を説明する理論として「自然選択説」を考え出すのに先んじて、似たような考えを表明した人物としても知られる。ローレン・アイズリー著『ダーウィンと謎のX氏』によれば、ダーウィンがブライスの研究を知っていながらそれを自分の考えとして発表した（つまり盗用した）というのだが、それは言いすぎかもしれない。スティーブン・ジェイ・グールドは自著『ダーウィン以来』に収録されたエッセイのなかで、ブライスは確かに環境が生物を選択することに気づいていたが、それにより生物が進化するというところまでは考察していなかったとして、ダーウィンを擁護している。盗用問題はさておいて、『ダーウィンと謎のX氏』にはブライスの伝記も収録されており、彼が優秀なナチュラリストであったことはそこに明らかである。

イギリスの自然科学者。博物学者。地質学者。探検船ビーグル号に博物学者として乗船し、ガラパゴス諸島などを航海した。50歳の頃に「種の起源」を出版。

『ダーウィンと謎のX氏――第三の博物学者の消息』
ローレン・アイズリー 著／垂水雄二 訳／工作舎／一九九〇年刊
原題：Darwin and the Mysterious Mr. X : New Light on the Evolutionists (1981)

『ダーウィン以来――進化論への招待』
スティーブン・ジェイ・グールド 著／浦本昌紀、寺田鴻 訳／早川書房／一九八四年刊（文庫版は一九九五年刊）
原題：Ever Since Darwin : Reflections in Natural History (1978)

さて、ブライスがインドのメガラヤ地方のバングラディシュとの国境付近にあるカシ高原で採集したもののなかに、チビオモグラよりも小型のモグラがあった。彼はこのモグラをホジソンの記載と比較検討し、自身のモグラには上顎の歯が一対少ないという事実に気づく。また尾は比較的長めであり、どうやらホジソンの記載とは異なる種のようである。これらの違いにより、ブライスは一八五〇年にアッサムモグラ*Talpa leucura*として新種記載を行った。

この種は現在でも独立種とされており、また歯の数の違いが種よりも遠い類縁を意味するものと考えられて、独立の属（*Parascaptor*）に分類されている。ブライスにモグラの形態学的特徴を見る目があったと思われる点はそれだけではない。彼はこの4ページに満たない論文のなかで、モグラの下顎犬歯《かがくけんし》が切歯《せっし》状の小さい歯であり、よく犬歯と間違われるその後ろの大型の歯が第一小臼歯である点を強調している。さらに上顎の犬歯が歯根を2つ持つという、食虫類の一部に見られる独特の特徴についてもコメントしている。それまでのモグラの分類が主として外部形態の特徴に基づいていたのに対して、頭骨のイラストも添付されたこの論文は、一五〇年以上前の仕事でありながら、現在哺乳類を分類するのと同じような視点で頭骨標本を作製し、細やかな観察を行っている点で大変優れたものである。

ブライスは、単なる記載のみならず、アジアのモグラを入念な調査により分類した世界最初の研究者といってよい人物だろう。

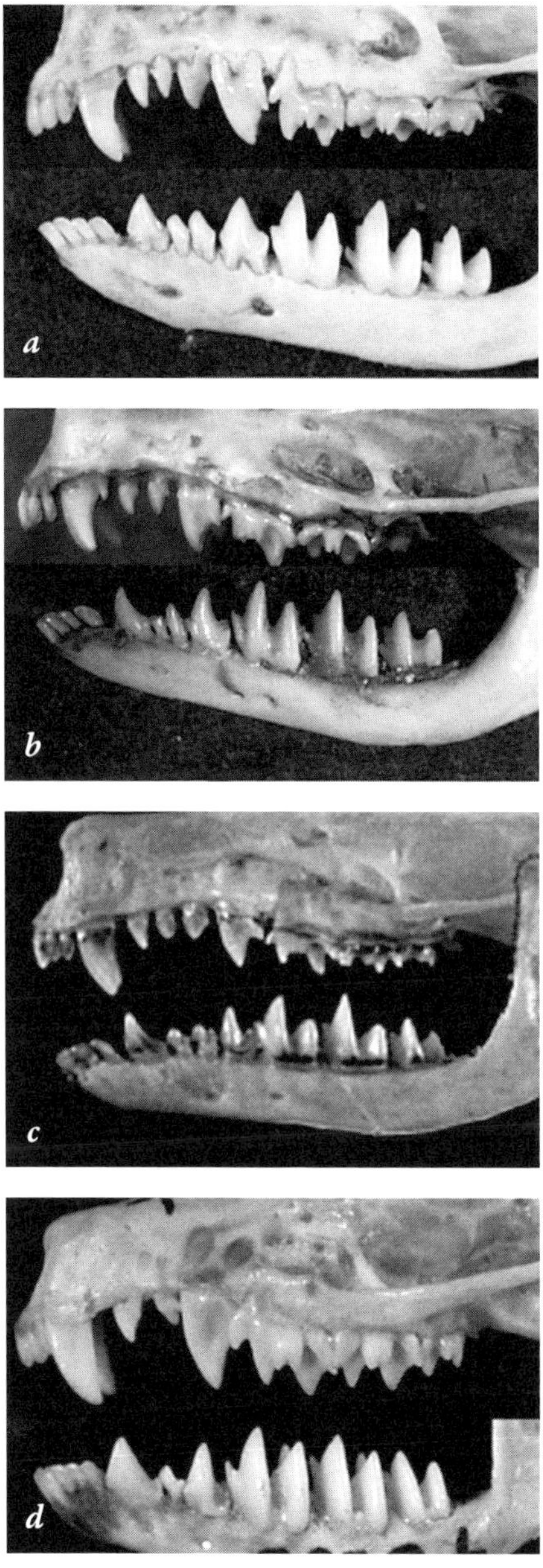

アジア産モグラ類の歯列。ミズラモグラ属*Oreoscaptor* (a)、アッサムモグラ属*Parascaptor* (b)、ニホンモグラ属*Mogera* (c)、ニオイモグラ属*Scaptochirus* (d)。切歯と小臼歯の数が変化する点に注意。

シナヒミズの正体

さらに時が下ると、アジアにおけるモグラ研究のステージは南アジアから東アジアの中国へと移行する。この時代に中国の自然史はヨーロッパ諸国によって研究され、我々がよく知る珍獣が多数、世に知られるようになった。

その業績の多くはフランスが送り込んだ宣教師、アルマン・ダビッドによるものである。一八六二年に当時の清国に到着したダビッドは、北京のような主要都市だけでなく、幸運にも四川省のような奥地にまで旅することができた。彼は北京の皇帝の庭で「四不像（シフゾウ*Elaphurus davidianus*）」と呼ばれる珍しいシカを発見し、また南西部の山中で白黒のクマがいるという逸話を聞いてジャイアントパンダ*Ailuropoda melanoleuca*の発見につなげた。やはり珍しいものだけでなくなんでも集めたようで、中国各地でモグラなどの小哺乳類についても熱心に収集している。現在知られる中国産のモグラ類はほとんどがダビッドによりヨーロッパにもたらされ、パリ自然史博物館のアルフォンス・ミルヌ＝エドワルによって記載されたものである。

アルマン・ダビッド
Armand David
一八二六－一九〇〇
フランスの宣教師。博物学者。当時、野生種としては絶滅したと考えられていたシフゾウを発見し、ヨーロッパへ送った。ジャイアントパンダの発見者としても有名。

「四不像」と呼ばれる珍しいシカを発見
シフゾウの学名にはダビッドの名が種小名として記念されている。

モグラには完全な地中生活をするもののほかに、日本にも分布している半地中性のヒミズ、また完全な地上生活をし、最も原始的なモグラ類と考えられているミミヒミズ *Uropsilus soricipes* があるが、これらについてもダビッドは収集している。いずれも標高三〇〇〇メートル以上の高山に生息するというのに、どのようにして旅行したのであろうか。

ライデンでシーボルトの採集した標本を観察した後、僕はイギリスへ向かう途中にフランスのパリにも立ち寄った。目的はもちろん、この地に現在も保管されているダビッドの収集標本を観察するためである。

パリ自然史博物館はパリの中心部セーヌ川沿いにあり、植物園も併設された広大な敷地である。四〇〇年近い歴史を持つというのだからとんでもないものだ。展示室がある建物の前は広い前庭となっており、子供たちがボール遊びに興じていた。まずは展示室を楽しむこととして、この博物館で有名な剥製の大行進や大型のクジラの全身骨格を眺めていく。パリはビュフォンやキュビエといった大博物学者が活躍した地でもあるので、彼らの著作を書棚に並べた展示も歴史を感じさせる。

アルフォンス・ミルヌ=エドワル
Alphonse Milne-Edwards
一八三五－一九〇〇
フランスの鳥類学者。甲殻類学者。博物学者。父は甲殻類の研究で知られるアンリ・ミルヌ=エドワル。パリ自然史博物館の鳥類学の教授となり、後に同館の館長を務めた。

標本観察のために同館の研究者に面会すると、前庭の隅にある防空壕のような場所に案内された。ここがこの博物館の収蔵庫の入り口で、広い前庭の地下部に広大な収蔵室が隠されているのだ。階段を下りて長い通路を何重にも閉ざした防火扉を抜け、たどり着いたのは移動棚が立ち並ぶ一室だった。担当の研究者は僕が希望していたモグラ科の標本を確認しながら見せてくれる。

棚には、ダビッドが収集したミミヒミズや中国のヒミズ、ハシナガモグラ*Euroscaptor longirostris*、ニオイモグラ*Scaptochirus moschatus*といった、現在では中国からの持ち出しが非常に困難になっている種のタイプ標本が眠っていた。すべて木の板の上に四肢で立った状態で作製されている。

なかでもひときわ気になったのはヒミズの標本である。僕は以前、中国のヒミズについて、記載者であるミルヌ＝エドワルが執筆した本の図版を見たことがあった。その姿は細い鼻先が長く突出する日本のヒミズとは明らかに異なっていて、そのことに違和感を持っていたのである。中国のヒミズは、日本の文献では「シナヒミズ」という和名が与えられているが、その英語名は「long tailed mole」といい、「長い尾を持つモグラ」という意味がある。一方、日本のヒミズは「Japanese shrew-mole」と英訳される。「shrew」はトガリネズミを指すので、「shrew-mole」とは「トガリネズミのようなモグラ」、つまり、トガリネズミとモグラの中間型的な位置付けがされている。この英語表現の違いはなんだろうかとずっと疑問に思っていたのだが、どうやらこれは、タイプ標本の剥製やミルヌ＝エドワルの図版が実物とかなりかけ離れたものであることに起因しているのではないかと思ったのだ。

剥製はまさにその図版と同じ姿で木の板に取り付けられている。ミルヌ＝エドワルの本の図版が、この剥製標本をもとに描かれたものであることが明らかだった。僕は後に中国雲南省でこの種を実際に捕獲して調査し、シナヒミズの外見が日本のヒミズとほとんど違わないことを示すのだが、それはまた別のお話である。

もう一つ、標本を観察して感じたことがあった。ダビッドが収集した頭骨標本は、ことごとく頭骨の後頭部が壊されていて、完全な頭骨の計測値が得られなかった。それまでにも同じ経験をしたことがあり、ずっと不思議に思っていたが、その理由がだんだんわかってきた。ダビッドは、頭骨標本を剥製の内部に入れた状態で作製したのだろう。すでに述べたが、この手法は今でも鳥類の剥製標本を作る際に用いられるも

別のお話
詳しくは拙著『モグラ　見えないものへの探求心』（東海大学出版会）に書いたので興味のある方は読んでほしい。

ので、鳥の頭部、特に嘴《くちばし》の部分の皮を骨からはがすことが困難なことに起因している。頭骨を毛皮の内部に入れて標本を作製する場合、腐りやすい脳を取り出すために、頭骨の後部を破壊して内容物を掻き出す作業が行われる。十八世紀までの哺乳類の標本は、おそらく鳥類で用いられる技術が転用され、似たような方法で作製されていた。そして標本が博物館に届いて、もしかしたら比較的最近のことかもしれないが、後の研究者が頭骨の形質を観察することが重要だと考えて、剥製の内部から取り出したのだろう。

さて、ダビッドの中国滞在と同じ時代、イギリスも中国との交流は盛んにしており、その外交官として派遣されたロバート・スウィンホーもまた、傑出したナチュラリストであった。ライデン自然史博物館のシーボルト標本のラベルに採集者として記載されていた「R. Swinhoe」とは、彼のことである。

彼は一八五〇年代から中国の領事館で働く傍ら、動植物を採集してヨーロッパの学術界に報告していった。北京周辺で収集したモグラは大英自然史博物館に送られ、これを調べたジョン・エドワード・グレイはブライスが記載した*Talpa leucura*と同じ歯

ロバート・スウィンホー
Robert Swinhoe
一八三六‐一八七七
イギリスの博物学者。外交官。ヨーロッパで初の台湾領事を務め、アジアの鳥類をはじめ魚類、哺乳類、昆虫などの標本をヨーロッパへもたらした。

ジョン・エドワード・グレイ
John Edward Gray
一八〇〇‐一八七五
イギリスの動物学者。大英自然史博物館動物学部門のキュレーターを長く務め、博物館の収蔵品カタログを数冊出版した。

数を持ちながら大型であるという特徴により、おそらく新種だろうというコメントを発表している。この暫定的な新種発見は一八八一年にオールドフィールド・トーマスへと受け継がれ、*Talpa leptula* という種が記載されることになる。

ところが後にトーマスはこの種がミルヌ＝エドワルが一八六七年に記載したニオイモグラに類似した種であることに気づいた。違っているのは歯の数だけである。トーマスはこのモグラをニオイモグラ属第二の種として修正を行ったのだが、現在ではこれらは同種であるとする意見が強い。残念ながらスウィンホーの業績は埋もれてしまうことになった。

しかしそれでは素晴らしい発見を行ったスウィンホーに悪い。実は彼がこのモグラを採集したのは一八六〇年以前のことで、フランスのダビッドが同じく中国でニオイモグラを発見したよりも早かったのである。シーボルトの幻の第一号と同じように、中国での第一号は本来はスウィンホーによるものとなるはずであった。イギリスのグレイはスウィンホーからの素敵な贈り物を大切に調査するべきであっただろう。

スウィンホーはむしろ台湾の自然史を開いた人物としてよく知られている。一八六〇年から台湾の領事館へと移動した後、多くの鳥獣の研究を行い、自身も多数の論文を執筆した。件のタイワンモグラは彼が記載したものであるし、イギリスやオランダの自然史博物館に所蔵されている台湾産の標本はおよそスウィンホーの努力により得られたものである。

近代のモグラ研究

二〇世紀になると、アジア地域は次々と外国に開かれて、後述するように様々な標本のやり取りが行われるようになる。タイ王国に過ごしたセシル・ボーデン・クロスやマレー半島に居を置いたフレデリック・チェイセン、ベトナムからラオスを中心として一九二九年から一九三〇年に行われたジャン・ドラクールの収集標本を調査した米国フィールド博物館のオスグッドといった欧米の研究者らによって、アジア未開の地の哺乳類相が踏破されていき、モグラ類についても記載が行われるに至った。この

ゲリット・ミラー
Gerrit Smith Miller
一八六九–一九五六
アメリカの動物学者。専門は哺乳類だが、古生物学や植物学でも論文を発表している。

渦中にあるものの一つが件のハイナンモグラということになろう。

そして一九四〇年の米国スミソニアン国立自然史博物館のゲリット・ミラーによる中国やベトナムのモグラの新種記載がこれに続くが、それから五十年以上の間、日本以外のアジア地域でモグラを積極的に調査した者はいなかった。

ところが二〇〇四年頃から、とある日本人の若者がこれらの国を闊歩し、その卓越した捕獲能力でモグラの研究を行っていく。それがこの僕である。

一方、日本のモグラ類についてはどうだったか。

シーボルトが来日し、初めて日本のモグラを紹介して以来およそ一〇〇年の時を経て、戦前から活発になった小哺乳類の分類学的研究により、岸田久吉、黒田長禮《くろだながみち》、今《いま》泉吉典《いずみよしのり》、阿部永《あべひさし》、吉行瑞子《よしゆきみずこ》といった研究者が次々登場し、この奇妙な地下性の動物について研究を行ってきた。モグラ研究は連綿と次世代に引き継がれながら行われており、この地中性の動物が研究者の興味を引くものであることを示しているように思える。研究手法も形態学的な視点から僕が行ってきた染色体のような細胞レベルのもの、さらにはDNAの塩基配列に基づく系統推定へと、技術の進歩とともに近代化を遂げ

黒田長禮
一八八九－一九七八
鳥類学者。政治家。日本における分類生物学の草分けの一人。日本鳥学会会長を務め、「日本鳥学の父」と呼ばれた。

今泉吉典
一九一四－二〇〇七
動物学者。専門は主にネズミなどの小哺乳類で、イリオモテヤマネコの記載・研究を行ったことが知られる。国立科学博物館の動物研究部長を務めた。

阿部永
哺乳類学者。北海道大学農学部の教授として、哺乳類学、応用動物学、動物生態学を研究した。元日本哺乳類学会会長。

吉行瑞子
哺乳類学者。動物学者。国立科学博物館動物研究部に勤務し、今泉吉典に師事。コウモリ研究の第一人者。

て現在に至っている。その結果として、現在日本には8種のモグラ科が分布し、世界に例のない多様性を生み出していることがわかってきたのである。

日本での哺乳類研究は明治時代に発足した東京大学理学部生物学科動物学教室にルーツを持ち、一九〇〇年を過ぎた頃から「動物学」の一派として「哺乳類学」が誕生する。岸田や黒田はこの最初期の哺乳類学を担った東京大学の門下生である。

前置きが長くなるが、オーストンを取り巻く周辺人物を把握するためにも、次章ではこのあたりを紹介しておこう。なお、章の後半には満を持して本書の主役、アラン・オーストンが登場する。

東京大学
東京大学は一八七七年に設立され、一八八六年の帝国大学令改正により「帝国大学」に、さらに一八九七年に京都帝国大学が設置されたのに伴い「東京帝国大学」に改称。一九四七年、帝国大学令等の改正を受けて「東京大学」に改称された。

第3章

日本の動物学の夜明け

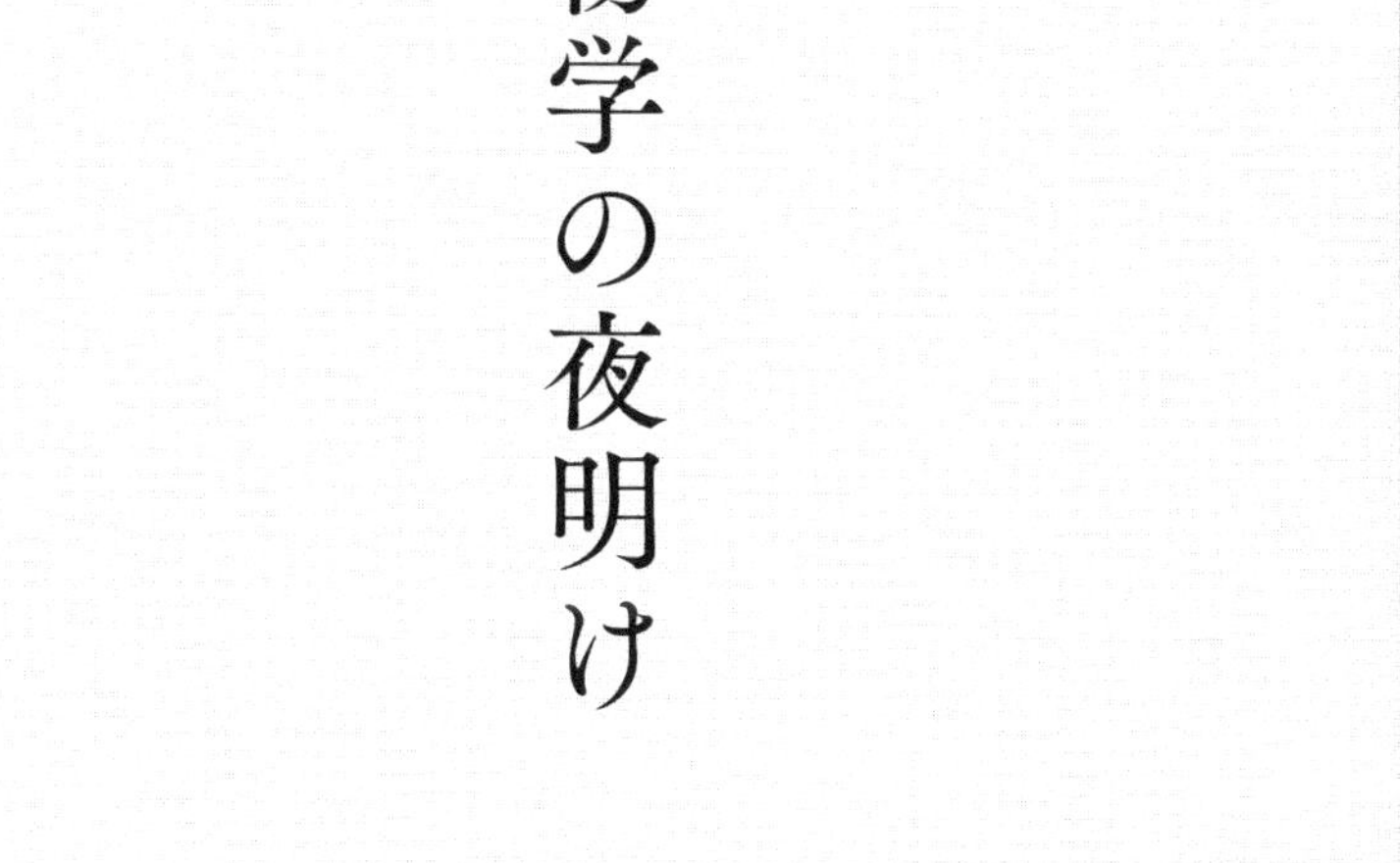

お雇い外国人

シーボルト以後の日本では、およそ三十年にわたって鎖国が継続したため、オランダ以外の国が容易に日本と交易することはできず、自然史標本を含む日本の物産を入手することは困難だった。しかし一八五九年に横浜が開港すると、イギリスを主とする多くの欧米諸国が日本の物産を求めて来日し、会社経営を始める。さらに一八六八年に明治政府がおかれると、海外の技術や知識を日本に導入するために、外国人技師・教師が多数招聘《しょうへい》された。これらの通称「お雇い外国人」のなかには、技術や知識を提供する見返りに、これまでに未知であった日本という国について、独自の研究を行った者が少なくない。

ことモグラということでは、ちょうど明治維新からほどなく一八七三年に来日して博物学教師として東京医学校（後の東京大学医学部）で教鞭をとったフランツ・ヒルゲンドルフが、自身が専門とする海産生物以外にも多くの哺乳類や鳥類標本を収集して研究し、日本のモグラの眼が皮膚に覆われている、という事実をヨーロッパに紹介

フランツ・ヒルゲンドルフ
Franz Martin Hilgendorf
一八三九－一九〇四
ドイツの動物学者。古生物学者。明治時代に来日し、東京医学校の教師として博物学を教えた。オキナエビスの発見が有名。

している。眼に注目したのはアリストテレスの記述やホジソンの研究を知っていて、モグラには眼が開いているものと皮膚に覆われているものがあるという知識を得ていたからだろうか。彼は帰国する際に収集した標本をドイツに送り、それらは彼の若い頃の師匠であるベルリン動物学博物館のヴィルヘルム・ペータースが調査してテングコウモリ*Murina bilgendorfi*などの種が記載されるようになる。古生物学者で科学史家としても知られる矢島道子《やじまみちこ》氏によれば、現在もヒルゲンドルフがドイツに持ち帰った標本は同博物館に所蔵されており、モグラについても確認されているという。

つまりシーボルトがオランダに標本をもたらしてから四十年ほどを経て、ようやく鎖国時代が完全に終焉し、日本の標本が欧米にもたらされるようになったのである。それまでシーボルト標本のみで知られていた日本の動物たち、それらの奇妙な姿に魅了されていたであろう欧米の研究者は、絶好の機会が訪れたと歓喜したことだろう。

ヒルゲンドルフは東京医学校で教鞭をとるなかで、幾人かの日本人に動物学を指導していた。そのなかの一人に波江元吉《なみえもとよし》がいる。波江はその後に教育博物館、すなわち国立科学博物館の前身に身をおき、主として脊椎動物の調査及び標本収集を行った。

波江元吉
一八五四－一九一八
動物学者。教育博物館の動物掛として、たびたび採集旅行に赴いた。モースが設立した東京生物学会（日本動物学会の前身）の創立メンバーの一人。

僕にとって彼が輝かしい先輩として映るのは、同じ所属のよしみからではなく、日本にまだ哺乳類学という言葉もなく、動物学が分野ごとに細分化もされていなかった時代に、積極的に哺乳類について調べたことに畏敬の念を抱かずにいられないからである。国立科学博物館の収蔵庫には、彼が一九〇〇年代に収集したクマネズミの仮剥製が数百点も収蔵されているのだ。日本の哺乳類学者第一号は、おそらく彼であったと思う。

同様な「お雇い外国人」による日本産標本の海外流出として、エドワード・シルベスター・モースによるものがある。彼は東京大学が設立された一八七七年、腕足類《わんそくるい》の研究で来日した。ところが彼の到着を待ち構えていた東京大学文学部教授の外山正一《そとやままさかず》から大学での講義を頼まれたのがきっかけで、東京大学理学部生物学科動物学教室の初代教授に抜擢される。

モースは来日早々の夏、拠点を江の島において自身の海産生物に関する研究をして過ごし、その後、東京へ居を移して大学で教鞭をとった。そのいずれかの時期に小型の半地中性モグラ科のヒミズを収集して、米国スミソニアン国立自然史博物館へもた

エドワード・シルベスター・モース
Edward Sylvester Morse
一八三八－一九二五
アメリカの動物学者。標本収集目的で来日後、東京大学で教授を二年務めた。ダーウィンの進化論を日本に初めて体系的に紹介したといわれる。

らしている。その標本は後の一八八六年に同博物館のフレデリック・トゥルーにより調査され、シーボルトが送った標本によって知られていたヒミズとは別の種であることが判明し、ヒメヒミズ *Urotrichus pilirostris* として記載された（現在の属名は *Dymecodon*）。

モースはこの標本をどこで入手したのだろうか。原記載論文には、ハツカネズミと一緒にアルコール漬けの状態で博物館へ送られたのが七年前と明記されているので、一八七九年に彼が帰国した際に持ち帰ったものであろう。採集地は「Yenoshima」とされているが、ヒメヒミズは本州・四国・九州の山地にのみ分布する種で、彼が拠点としていた湘南の出島に分布していたとは考えにくい。彼は在日中、日光など各地を旅して見聞を広めたことが知られている。可能性としてはこの旅行の際に見慣れぬ小さなモグラの死体を拾って持ち帰り、彼が来日初期に収集した海産物標本が入った「Yenoshima」と書かれたアルコールの瓶にでもぽちゃんとやったのではないかと考えられるが、これはいまだ憶測の域を出ない。

モースは、彼自身も日本の動物学の歴史に名を残す著名な博物学者であるが、東京大学生物学科教授として、飯島魁や石川千代松《いしかわちよまつ》といった、後に日本の動物学のパイオニアとなる人物たちに欧米の生物学を教えた点でも大きな功績を残した人物である。特に飯島は専門を寄生虫学や海産無脊椎動物学としたが、鳥類学においても多くの業績を持ち、オーストンとも交流があったことを読者は後に知るであろう。

これらお雇い外国人による活動を俯瞰《ふかん》すると、かの江戸時代に日本に滞在したシーボルトと同様、いずれの人物も自身の専門の分類群、あるいは分野を超えて、広く博物学的な観点で自然を見ていたことが共通している。自分では研究するつもりがないものでも見つけたものは大切に標本として保管すること、そしてそれを見たがっている仲間や博物館に提供し、研究に供するという活動があった。

こういったナチュラリスト気質を持った人物の到来により、日本の動物についても多くの知識が蓄積されていくこととなる。

石川千代松
一八六〇－一九三五
動物学者。モースの教えに影響を受け、モースの講義をまとめた訳書『動物進化論』や自著『進化新論』などを出版した。

モースの教え子たち

ここで日本の動物学の発祥という視点で改めて見てみると、ヒルゲンドルフのように明治初年から活躍して日本人研究者を育成した人物の存在もさることながら、やはりその萌芽は一八七七年に設立された東京大学理学部生物学科にあった。ここに初代教授として抜擢されたのがモースであったことは、日本の動物学にとって非常に幸運であったといえる。

モースは当時、母国では非難の的であったダーウィンの進化理論についても肯定的な立場をとり（モースの師匠だったルイ・アガシは進化を認めていなかった）、佐々《ささ》木《き》忠《ちゅう》次《じ》郎《ろう》、松浦佐用彦《まつらさよひこ》、飯島魁、岩川友太郎《いわかわともたろう》、石川千代松といった人物に積極的に進化学を指導した。いずれの人物も生物学科を卒業する頃にはモースはすでにアメリカに帰国していたが、モースの紹介で着任した後任のチャールズ・ホイットマンの指導の下に、教え子たちはナチュラリスト気質の高い研究者へと成長していく。

佐々木忠次郎
一八五七－一九三八
動物学者。東京帝国大学農学部教授を務め、日本の昆虫学・応用昆虫学の基礎を築いた。

時は明治初年の「哺乳類学」という言葉すらなかった時代。哺乳類学の発祥を日本哺乳類学会の前身である日本哺乳動物学会の設立年一九二三年とするならば、半世紀も前の出来事である。ちなみに現在の鳥学会の設立は一九一二年と、少々早い。我々ヒトも哺乳類の一員であることを考えれば、決して興味の向かない動物群ではないと思うが、「哺乳類学」という学問ができたのは意外にも遅いのである。ところがこの頃すでにモースの教え子たちのなかに哺乳類学の歴史と深い関係を持つ人物がいた。

生物学科初代の学生だった佐々木忠次郎は、現在「応用昆虫学」と呼ばれる分野の先駆者だった。応用昆虫学とは、役に立つ虫の育成や害を与える虫の対策といった課題を含む学問のことである。そんな彼は、哺乳類学の文献上にも名を残す偉大な人物だ。記録が残っている明治以降から、日本初の哺乳類学術団体ができる以前の一九二〇年頃まで、つまり哺乳類学がまだなかったこの時代に日本人研究者で哺乳類に学名を付けて新種記載したのは6名。そのうち最も古いものが佐々木によるハタネズミの記載なのである。彼の専門性に則した応用動物学的な意味合いが強いのだが、茨城県で農業害獣とされる謎のネズミに対して、彼は *Arvicola hatanedzumi* の学名を与える論文を一九〇四年に東京帝国大学農学部の研究紀要に発表している。

しかし、彼が与えた名前は現在ハタネズミの学名としては適用されていない。フランスのアルフォンス・ミルヌ＝エドワルが一八七四年にこの種に対して*Microtus montebelli*の学名を与えていたからである。どうやら佐々木の時代には日本の哺乳類にどのような学名が記載されているのかといった情報も不足していたようだ。しかしながらネズミ類の研究者として著名な金子之史《かねこゆきぶみ》氏によれば、佐々木の記載は生態学的な特徴にまで及ぶ優秀なものであり、高く評価できるとのことである。

この記載を行った頃、佐々木は東京帝国大学農学部の教授であり、哺乳類の分類にまで目を向けていたところに彼のナチュラリスト気質を見ることができる。

飯島魁も同様にナチュラリスト気質の高い人物で、オーストンとも交流があったことがよく知られている。飯島は大学を卒業した後、一八八二年からドイツへ留学し、ヨーロッパの生物学に触れた。一八八五年の帰国後は、東京大学理学部講師、さらに翌年には同教授となり（東京大学はこの年に「帝国大学」に改称された）、以後の動物学教室を支える柱の一本となった。

彼はもともと寄生虫学を志向した人であり、サナダムシの感染経路を証明するために自身がその寄生虫を飲み込んで実験したという逸話が有名である。後には鳥類も積極的に研究し、また海産生物も研究対象として精力的に活動した。特にガラスカイメン類は後年の関心事であったようだ。

オーストンとの交流は、鳥類研究に熱心だった一八九〇年代中頃から開始される。この鳥類学への関心は後で述べる小川三紀《おがわみのり》へと引き継がれ、そのほかにも多くの学生を輩出した「親分肌」の教授だったといわれる。哺乳類を志向した先駆けの弟子としては、ネズミ類の分類を調べて、後に台湾帝国大学教授となる青木文一郎《あおきぶんいちろう》がいる。

また飯島は、哺乳類の標本作製法に関する文章を執筆している。一八八八年の『動物学雑誌』創刊号から5回にわたり連載されたのがその最初期のもので、鳥類と哺乳類の生存時の姿勢が再現された、今でいう展示用の「本剥製」の作製法をまとめたものである。剥製標本の作製法は、古くはシーボルトが来日した頃にその弟子が学んだと伝えられるが、飯島は当時来日した外国人から教えてもらったらしい。その手技は大学の弟子へ……と言いたいところであるが、当時の出入りの魚商であった坂本福治（飯島は海産生物の実験材料をこの魚商から入手していたという）に引き継がれた。

小川三紀

一八七六 - 一九〇八

鳥類学者。日本産鳥類の習性について熱心に研究し、日本の鳥類学の発展に寄与したが、三十二歳のときに若くして亡くなった。

青木文一郎

一八八三 - 一九五四

ネズミ研究の権威。旧制愛知医科大学（現名古屋大学）と台北帝国大学理農学部で教授を務め、『日本産鼠科』、『台湾産鼠類目録』などを出版。

海外から取り寄せたテキストも翻訳して見せて学習させたという。坂本は器用な人であったらしく、剥製の作製法を自身で工夫して完成させ、ゾウやキリンなどの大型哺乳類にまで応用して作製するようになった。

それにしても、その当時にゾウの剥製を作る技術があったとは驚かされる。今この国に見られるゾウの剥製はほとんどが生まれたばかりの子ゾウで、唯一、北九州市立いのちのたび博物館にアフリカゾウの成体の立派な剥製があるが、これはオランダの標本業者によるものだという。ゾウの皮は非常に厚く、多数の襞《ひだ》があるため、これを乾燥標本として残すには特殊な鞣《なめ》し技術が要求される。坂本が作製したものは上野動物園で11歳で死亡した個体だったが、どのようにして作製したのか。残念ながらその標本は

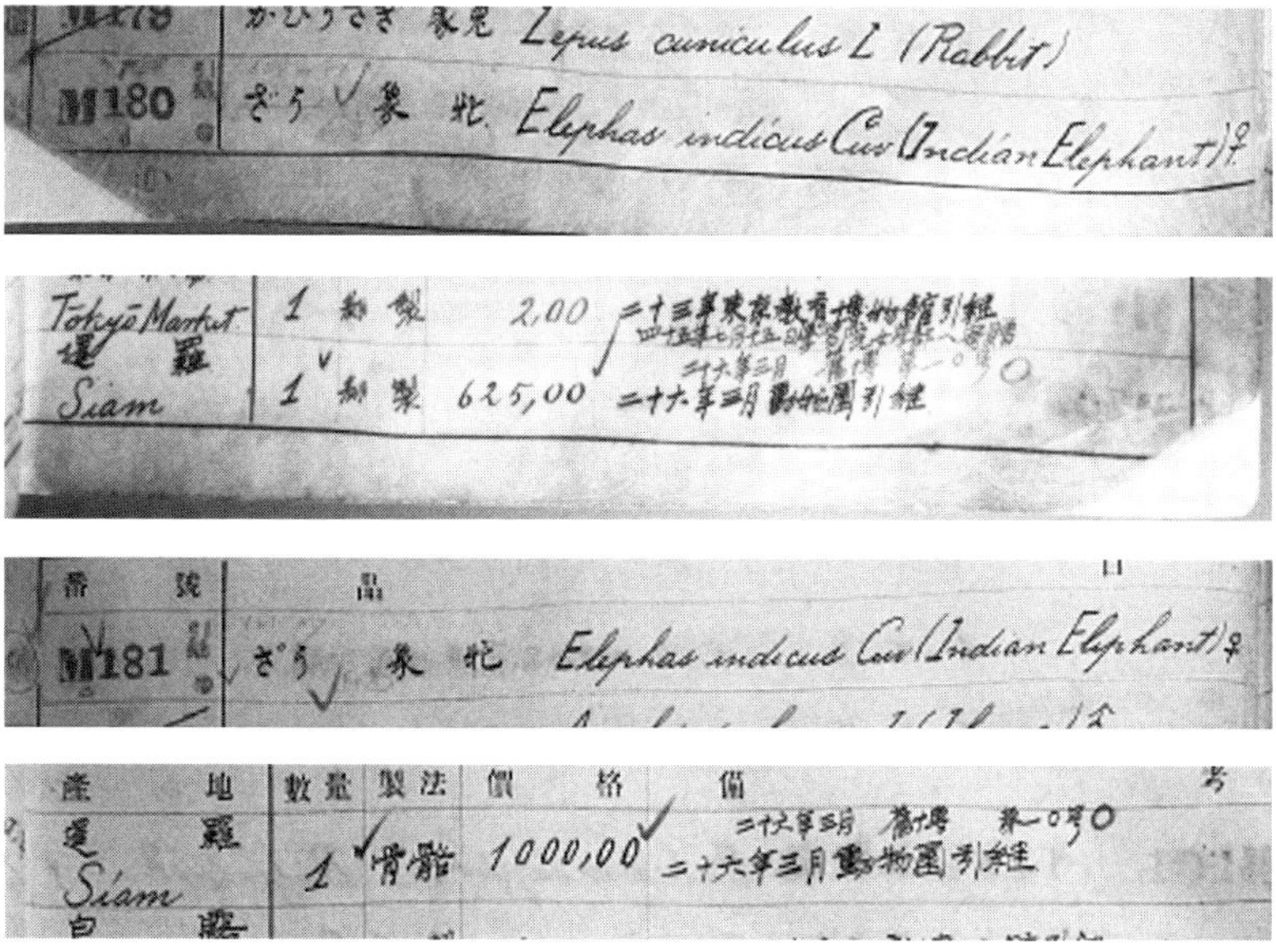
M180 ぞう 象 牝 Elephas indicus Cuv (Indian Elephant) ♀
Tokyo Market 暹羅 Siam 1 剥製 625,00 二十六年三月動物園引継
M181 ぞう 象 牝 Elephas indicus Cuv (Indian Elephant) ♀
産地	數量	製法	價格	備考
暹羅 Siam	1	骨骼	1000,00	二十六年三月動物園引継

帝室博物館台帳より。M180（上）とM181（下）の部分にアジアゾウの剥製と骨格が登録されている。これが坂本によるゾウの標本だろう。

残されていない。ただ、同じく彼の手によると伝えられる全身骨格標本は今でも国立科学博物館の収蔵庫に保管されている。

さらに飯島は一九〇三年にも哺乳類の標本作製についての解説を『動物学雑誌』に執筆している。これは展示用の剥製とは別に、現在我々が「仮剥製」と呼んでいる研究用標本の作製法についてである。内容はアメリカの哺乳類学者ゲリット・ミラーが執筆した英語のテキストを参考にしたものだ。仮剥製はたくさん収集することに意義がある。そのため手足を伸ばした状態で、できるだけスペースをとらないように作製するのがよい。また個体を解剖する前に、全長・尾長・後足長・耳介長といった計測を行うことや、標本にはそ

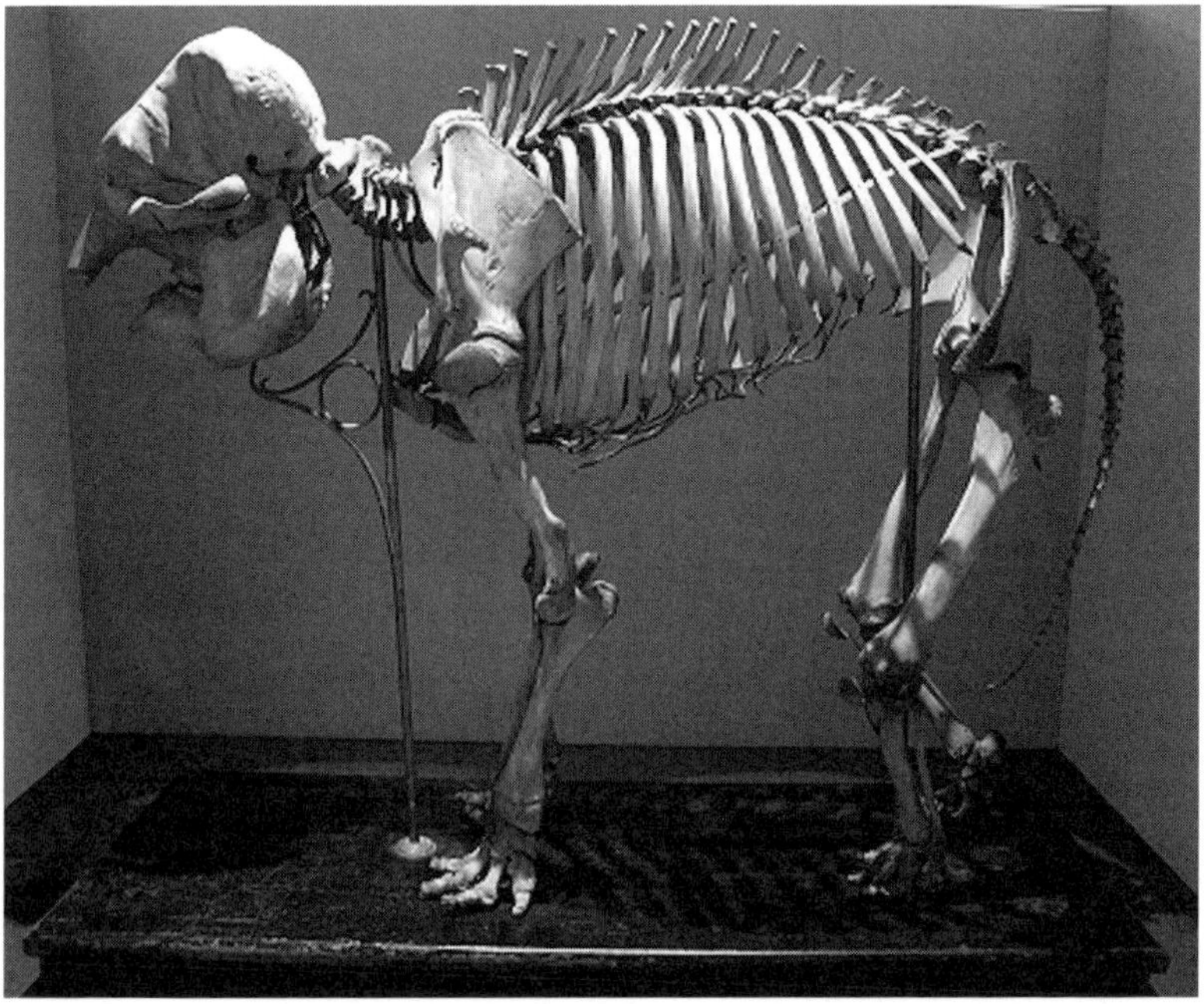

登録番号NSMT-M181のアジアゾウ全身骨格。標本自体もよくできているのだが、骨格を支える支柱のデザインにもこの時代の意匠がうかがえる。

れらの計測値とともに、採集地や採集日の情報を記したラベルを付帯させることなど、現在とほとんど変わらない手技がまとめられている。

こうしてみると飯島は、もしかしたら教え子の青木文一郎や、この頃には東京帝国大学嘱託となっていた波江元吉の影響もあるのかもしれないが、哺乳類学においても自身の関心を高めていたようである。というよりは、彼には哺乳類とか鳥類とか魚類とか、そういった分類群ごとの研究という概念がそもそもなかったのかもしれない。やはりナチュラリスト気質にあふれる偉大な研究者であった。

もう一人、石川千代松についてだが、彼は東京大学卒業後、ドイツで遺伝学や発生学を学び、帰国後の一八九〇年から帝国大学農科大学（後の帝国大学農学部）で教授を務めた。その頃見つかったばかりの染色体を日本に紹介したのは彼だったといわれ、モースの講義をまとめた『動物進化論』（一八八三）の出版をはじめ、進化・遺伝といった最新の知識の普及に努めた業績がある。

農科大学では水産学科で琵琶湖の魚類を調査したこともあって、米原市には彼の銅像があるという。僕は以前よりこの銅像を一度見てみたいと思っていた。僕も研究キャリアを染色体から始めたこともあり、その祖の姿を拝みたい、というわけだ。しかし、残念ながら未だ叶わずにいる。

さて、そんな彼にも哺乳類にかかわる面白い経歴がある。ドイツからの帰国後、農科大学との兼務で帝室博物館のキュレーターとなり、一九〇〇年からは天産部長（今でいう自然史部門のトップ）及び上野動物園の園長になっているのである。

彼は上野動物園で日本ではまだ知られていなかった動物を紹介するために尽力した。その一つがアフリカ原産の首が長いことで知られる大型獣だった。このキリンをなんとか動物園に導入したいと考えていた矢先、ドイツの動物商ハーゲンベックから今なら雌雄ペアで破格の値で販売しようという提案がなされたという。これに飛びついて、上層部への了解をとらず契約し、キリンは見事、上野動物園に展示されることとなった。もちろん、その後キリンは大人気となり、今では日本各地の動物園で見ることができるようになったが、その歴史の裏には石川による暴走があったのである。ちなみに、このとき許可なくキリンを購入した石川は、その責任を負って職を追われることとなった。

明治の博物館と剥製技術

なお、石川が天産部長として所属した帝室博物館は現在の東京国立博物館の前身で、我らが国立科学博物館とは深い関係がある。いずれも、もともと文部省が一八七一年に「博物局博物館」を設置したのが起源とされている。

明治時代の初期に、国内の物産を取りまとめる必要性が生じたなか、国立科学博物館は文部省管轄の博物館として「東京博物館」「教育博物館」等々名称を変えて存在してきた。一方で帝室博物館は、一八七三年にウィーンで開催された万国博覧会に日本が参加するために文部省におかれた博覧会事務局が、博覧会終了後に内務省へと所轄替えされたことで内務省博物館となり、さらに宮内庁へと配置換えされたことから「帝国博物館」「帝室博物館」と変化していく歴史を歩む。この間に、文部省博物館の自然史標本は内務省博物館へ移管され、文部省博物館は教育色の強いものになったのだという。当時、上野動物園は帝室博物館の一施設で、一九〇三年頃の資料によれば、解剖室や剥製室を設け、動物園内で死亡した動物のうち必要なものを剥製にして天産部の陳列に供する設備があったようだ。

現在の東京国立博物館は、美術・歴史に関する資料を扱っているが、当時は自然史標本（「天産物」と呼ばれた）も含んだ総合博物館だった。転機を迎えたのは一九二三年である。関東地方を襲った大震災は当時国内にあった動物標本にも大打撃を与えたといわれるが、教育博物館の資料も壊滅的な状態であった。現存する資料を見る限り、帝室博物館の動物標本は比較的無事だったようで、これらの天産資料は展示物がなくなった教育博物館へと移管され、教育博物館は自然史を含む総合科学博物館として、震災後に再スタートを切ることとなる。帝室博物館は文化財を収蔵管理する施設として、現在の東京国立博物館へと至っている。

国立科学博物館に現在収蔵されている哺乳類標本のM953番までは、震災後に移管された帝室博物館の資料であり、残されているもので最も古いものはM100番のニホンオオカミの剥製である。石川が職を辞する原因となったキリンの剥製はM567番として、現在もつくば市にある収蔵庫に保管されている。導入されたのは雄のファンジと雌のグレーという個体だったが、いずれも一九〇七年の導入から一年後に死亡し、剥製標本とされたのだ。

帝室博物館の標本台帳を見ると、剥製標本の多くの備考欄に「元動物園飼養」と記入されており、飼育動物が死亡した後に処理を行う剥製室などがあったという過去の資料は、あながち間違いではなさそうだ。欧米の博物館には動物園を併設したものも多いが、明治

国立科学博物館の哺乳類標本のうち、最も番号が早いM100のニホンオオカミ。

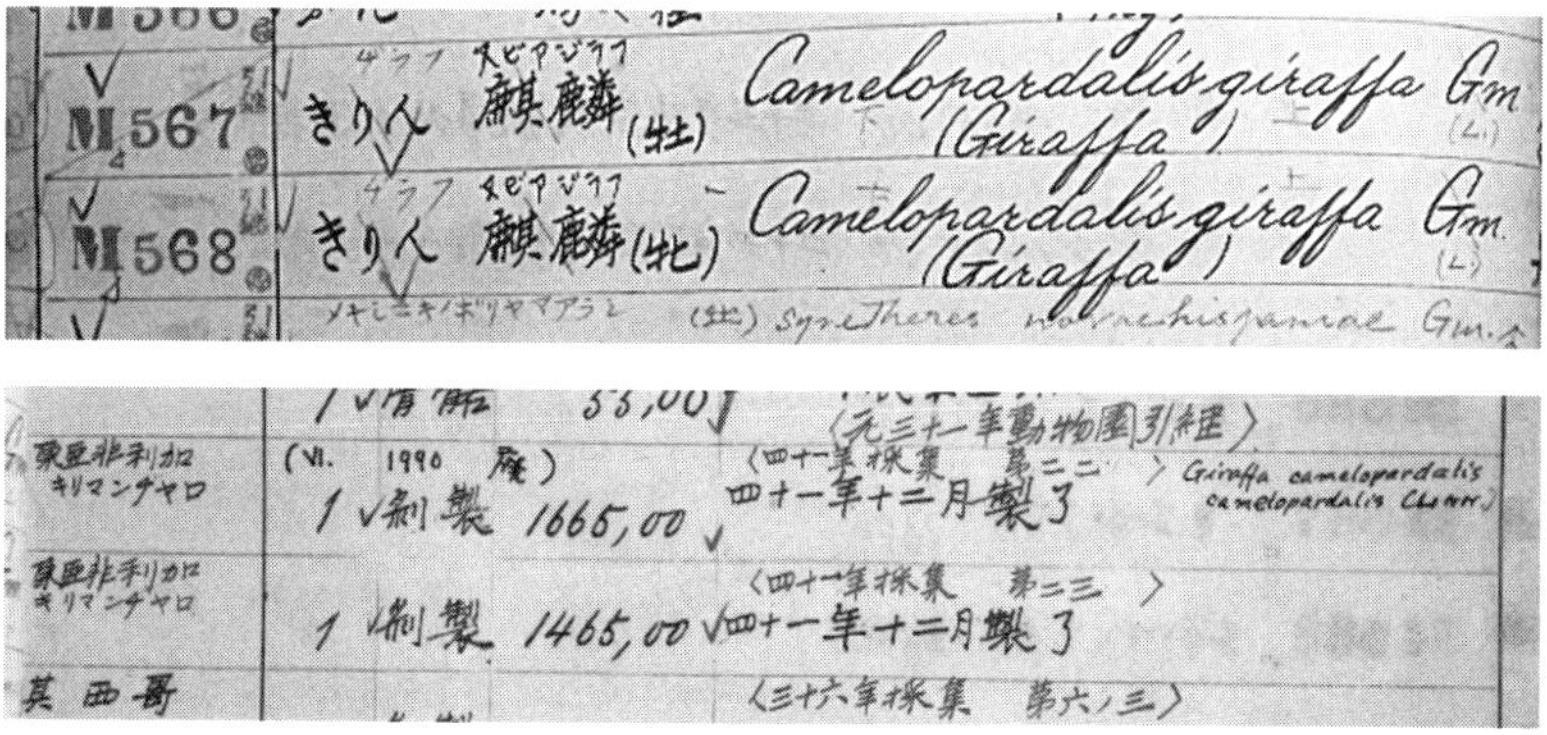

日本で初めて展示された上野動物園のキリン2個体が剥製として収蔵されていたことを示す、帝室博物館台帳の記録。

時代の日本の博物館は欧米レベルの理想的なものであったと考えることもできよう。

ところで、飯島から剥製技術を引き継いだ坂本福治はその後、一九〇一年に五〇歳という若さで亡くなった。「坂本式剥製法」として今に伝えられる技術は、息子の喜一が発展させたとされている。

上野動物園に初めて生体展示され、後に剥製標本とされたキリン2個体はどちらも「四十一年十二月製了」とあるので、おそらく喜一により手がけられたものである。教育博物館時代に撮影された展示室の写真にはこれら2個体のキリンが並んで展示されている様子が残されており、一方はやや小型で鼻先を天に向けてしっかりとした姿勢で立ち上がっている。もう一方、大型の個体は前肢を大きく開いて長い首を下方に向け、口を地につけるような姿勢である。後者はキリンが水を飲んでいる様子を再現したものであろう。キリンの行動姿勢をもよく表した剥製で、当時の剥製技術の高さもさることながら、生態についても十分な知識があったことがうかがわれる。キリンは雄の方が大型なので、水飲み姿勢で作られた剥製が雄のファンジであると思われる。もしかしたらこのような姿勢にしたのは、この個体が大きすぎて、頭をあげた姿勢だと

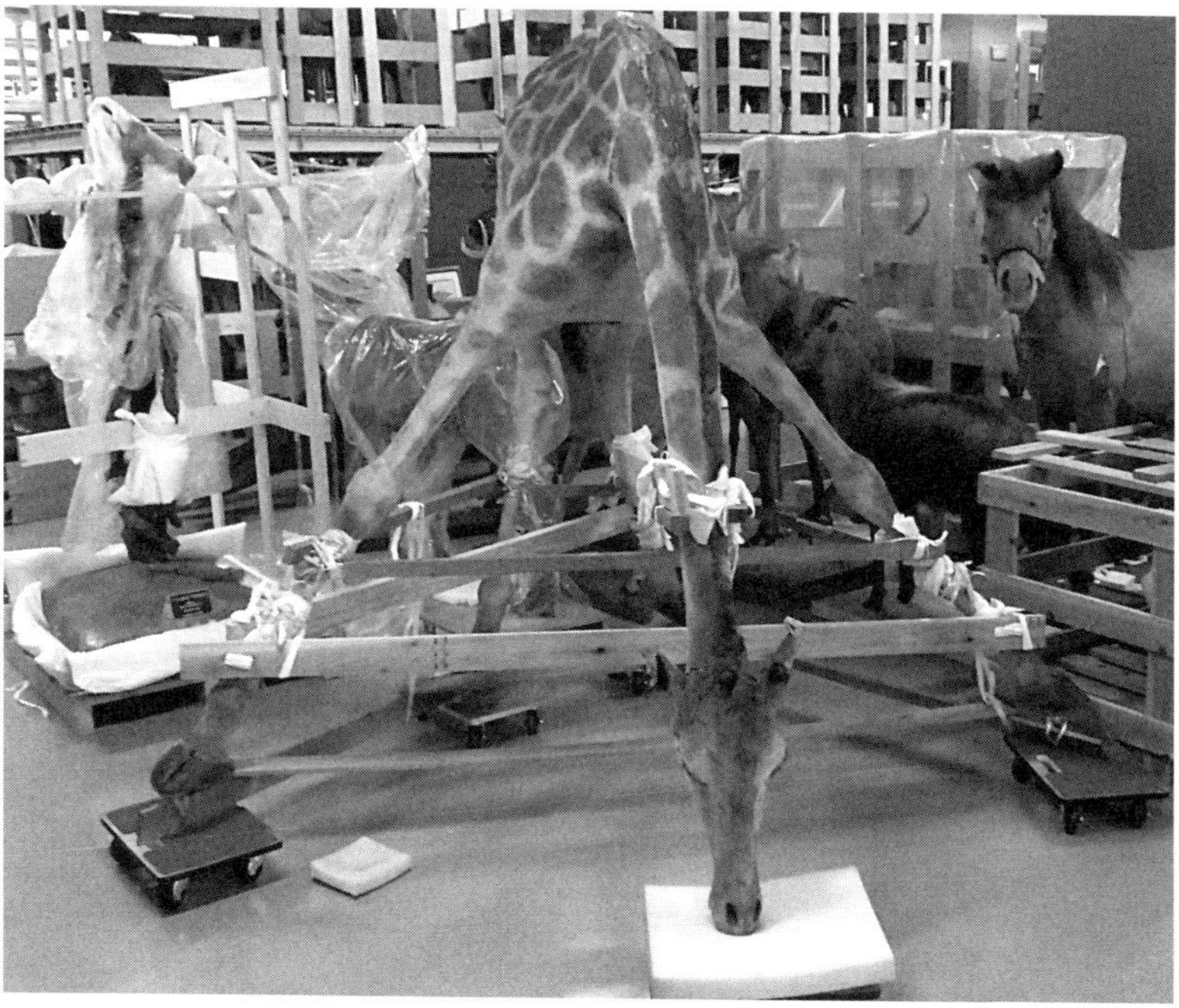

教育博物館時代の展示室（上）には2体のキリンが並んで展示されている。現在の収蔵庫（下）に残されているのは雄のファンジだ。

展示室に収まらないことを危惧したためかもしれない。

　現在収蔵庫に残されているのは、このファンジの方で、雌のグレーはすでに廃棄されたことになっている。おそらく展示が変更されるときに収蔵庫に入れられなかったということではなかろうか。一方、帝室博物館台帳の「備考」欄には、M567番で登録されている「牡」の方が「1990年廃棄」とされているのだが、実物を確認すると下腹部に陰茎や陰嚢が再現されているので、やはり残されたものは雄のファンジである。一九九〇年に起立姿勢の雌が廃棄されたときに書き間違えてしまったものなのだろう。

　台帳をもう少し詳しく見ていくと、おそらく同じ個体と思われる雌雄のキリン骨格がM617・M618番として登録されていることに気づく。しかしこれらの標本については今のところ所在が不明である。一個体の検体から剥製と全身骨格を作製することを、我々の業界では「両取り」というのだが、この時代にキリンのような大型獣でそれを成し遂げた坂本式剥製の技術たるや、驚くべきものがある。

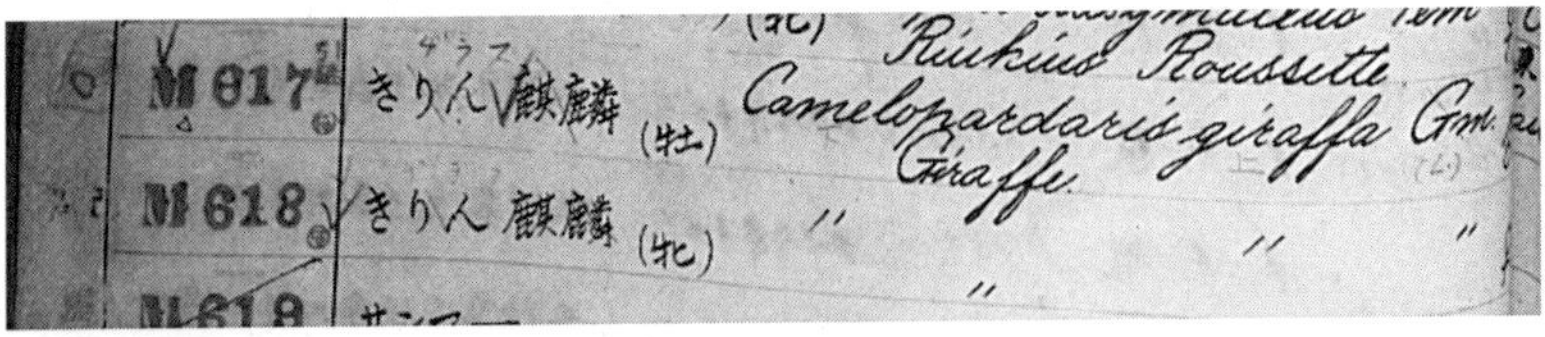

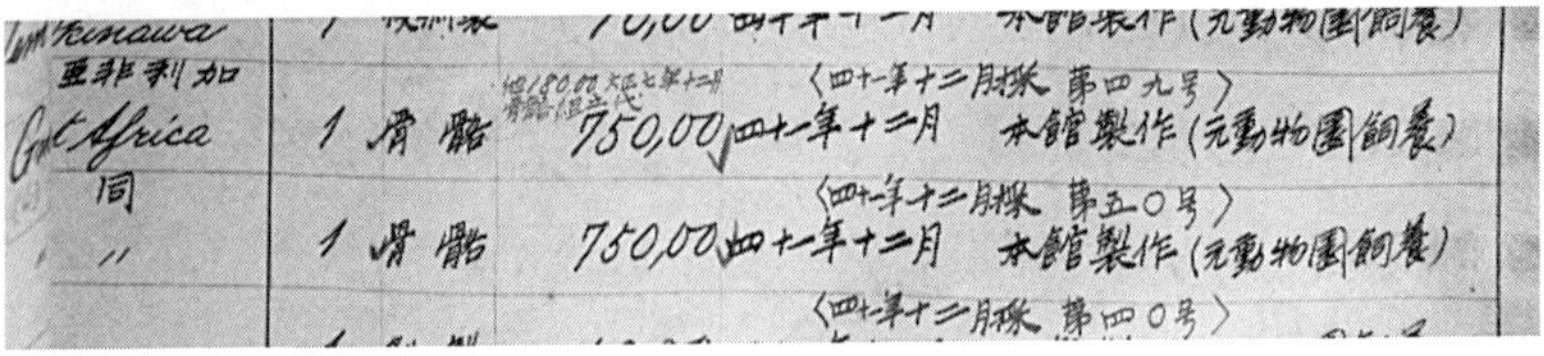

帝室博物館台帳には、同時期に作製されたキリンの骨格も2点あり、「両取り」されていたことがわかる。これらの骨格は現在存在が確認されていない。

このキリンの剥製は、経年劣化により各所の縫合が解けてしまって、現在は展示には耐えられない状態である。しかし、僕は明治時代の剥製技術を残す標本として、このまま保管しておくのがよいと考えている。

日本人研究者の台頭

さて、これら東京大学黎明期を支えた人物の学生時代、一八八一年十二月に、動物学教室初の日本人教授、箕作佳吉が着任する。

箕作家は名門の家系で、祖父・父・兄弟・従兄弟が各方面の学者（さらに妹は学者の妻）という家柄である。十五歳で渡米し高校、大学へと進学して、かの地の動物学を学ぶ。そのまま留学先で動物学を続けようとしたところを、モースらの助言により帰国し、二十四歳で東京大学理学部生物学科動物学教室教授となった。やはりオーストンと交流が深かった人物で、追々その件についても記すことになろうかと思う。

こうして東京大学創生期のメンバーに、海外で学んだ日本人教授を加えて、日本の動物学は発展を遂げていく。

　彼らが育成したなかには、後に同じく動物学教室の教授となる渡瀬庄三郎《わたせしょうざぶろう》がいた。彼はマングースの調査研究を行い、一九一〇年、沖縄県にネズミやハブの駆除を目的として放逐したのが有名だが、自身の研究テーマは昆虫など無脊椎動物にまでわたり、なかなか奥が深い。彼の学生にも様々な分類群に関する研究を奨励したようだ。

　初期の哺乳類学者で、哺乳類だけでなく鳥類や魚類についても幅広く研究した黒田長禮もその門下にあり、やはり当時のナチュラリスト気質を引き継いだ存在だった。そして黒田とはライバル的存在の岸田久吉がある。彼は前述の通り台湾の山地に新種のモグラが生息するという話をほのめかした人物なのだが、やはり一番の専門はクモやダニといったグループで、しかしながら哺乳類学における日本最初の教科書といえる『哺乳動物圖解』を一九二四年に出版したことは重要な業績であり、そのほかの脊椎動物や昆虫についても積極的に調査研究を行った。

　このような「なんでも屋さん」が多かった時代の一九二三年一月、哺乳類への関心がいよいよ高まりを見せた時期に、渡瀬教授の呼びかけで集められた田子勝彌《たごかつや》、内田清《うちだせい》

渡瀬庄三郎
一八六二－一九二九
動物学者。東京大学で箕作佳吉に師事。東京帝国大学理科大学教授を務め、発生学・細胞学・生物発光等の研究を行った。

之助《のすけ》、黒田長禮、小林桂助《こばやしけいすけ》、岸田久吉を合わせた6名が東京華族会館に顔を揃え、ここに日本哺乳動物学会という初の哺乳類研究団体が生まれる。田子はタゴガエル *Rana tagoi* の名でも知られる通り、両性類・爬虫類も研究した人物である。内田は鳥類学者として著名だが、農林省鳥獣調査室に勤務し、後に岸田久吉や今泉吉典を輩出したことを鑑みると鳥獣全般に博識であったことは想像に難くない。小林は貿易業を営む傍ら鳥類の蒐集を行った人で、彼の会社「小林桂」は今も神戸に所在する。明治・大正期には鳥類標本の販売も行っていたので、本書では再び名を記すことになろう。

在日商人の活躍

このように東京大学が博物学志向に染まった時代、同様に研究を生業としない人物にもこういったナチュラリスト気質を持つ者が多くいたようである。そのなかには商売のために来日し、活動を行った外国人の存在もあった。

教科書的には一八五八年の日米修好通商条約、さらに翌年の横浜開港により、それまで制限されていた外国人の去来、そして居留地の制定による外国商社の活動が始まる。これがいよいよ欧米のナチュラリストたちに転機をもたらすことになる。

さらに時が下って明治期になると、横浜での外国人商人の活動が活発化する。彼らは極東アジアへと珍しい資源を求めて続々と来日し、日本の玄関口たるこの地で商館を開いていった。これらの外国商館は居留地と呼ばれる限られたエリアでの活動が許されていた。居留地内では横浜税関に近い位置から順に番地が与えられ、世界各地の商館がひしめき合うような感じだったようである。

これらの商館で働いていた人物のなかに、博物学に傑出した人物が何人か知られている。ハイナンモグラの記載にあるアラン・オーストンもその一人である。前述した『三崎臨海実験所を去来した人たち』などからもう少し詳しく見てみよう。

オーストンは一八五三年八月七日に英国サリー州パーブライトで生まれた。彼の父はReverend Francis Owstonといい、この地の司教代理の地位にあった人物らしい。母はEliza Nee Stedman（旧姓）で、後にオーストンを追って来日することとなる兄

日米修好通商条約
江戸幕府とアメリカ合衆国の間で結ばれた、貿易の自由を認めた最初の条約。一方で、関税自主権はなく、外国人居留地を設け領事裁判権（外国人が罪を犯しても日本の法律で裁けない）を与えるなど、日本側に不利な条項も含まれた。

この地の司教代理
Reverendは聖職者の名前に付ける敬称の一つ。

Francisに妹Berthaを加えた5人家族だった。

一八七一年頃、オーストンはレーン・クロフォード商会（Lane Crowford & Co.）の一員として、半年ほど清国上海に滞在した後、横浜へ移動した。一八七三年頃に横浜山下町で牧場を経営し、外国人居留地に牛乳を配達していた記録もあるのだという。当初横浜の商館員として働いていたが、一八七九年に独立して貿易会社「オーストン商会」を設立し、一九一五年十一月三〇日に死去するまで経営していた。業務内容は「Commission Merchant & General Importer」とされていて、主として鉄鋼の輸入、また日本の特産物などの輸出業務が主体であったようだ。明治以降産業の発展とともに、鉄の輸入が盛んになった時代である。時代に乗って起業したということだろう。彼は日本で二度結婚したが、妻となった女性はいずれも日本人だったという。

同じ頃、外国商館員として来日した人物にヘンリー・プライヤーがある。彼は海上保険会社アダムソン・ベル商会の一員だった。主に昆虫について傑出した博物の人で、商業面でのその後の活躍について書かれたものを見ないが、後に東京教育博物館（国立科学博物館の前身）で嘱託職員として勤務し、日本各地で動物標本の収集に従事し

ヘンリー・プライヤー
Henry James Stovin Pryer
一八五〇 – 一八八八
イギリスの昆虫学者。鳥類学者。保険会社に勤務しながら日本の蝶類や蛾類の調査を行う。鳥類の研究も行い、ノグチゲラ *Sapheopipo noguchii* を発見したことが知られる。

ている。博物学への関心をして生計を立てる方へと発展させたようである。

プライヤーが収集した標本のなかで述べておきたいことは、彼が日本固有種のミズラモグラをどこかから入手して、大英自然史博物館の動物部長、アルバート・ギュンターに送ったことである。ギュンターはそれまでに知られているモグラと異なる特徴を持つものとして、一八八〇年にこれを*Talpa mizura*の学名で新種記載した（現在の学名は*Oreoscaptor mizura*）。ミズラモグラは謎の多いモグラで、その謎性は追加標本が五十年以上にわたり発見されなかったことに起因する。そのためギュンター記載によるミズラモグラは第二次大戦後まで普通のモグラの変異型（あるいは異常型）として受け取られていた。

ミズラモグラがこのように謎のモグラである理由は、その不思議な生態にあるようだ。普通の日本産モグラは平野部から山地まで広く分布し、畑などにもトンネルを掘るので、その痕跡を見つけやすい。また肉食動物に捕獲されて、その死体が発見されることがままある。ところがミズラモグラは本州の比較的標高が高い山地を中心に分布していて、一般的なモグラと違ってトンネル生活にそれほど依存していない。そのため普通にモグラを採集する方法で探してもなかなか捕まらない。かくいう僕もモグ

アルバート・ギュンター
Albert Günther
一八三〇－一九一四
ドイツ生まれの動物学者で、主に魚類・爬虫類両生類を研究。大英自然史博物館で魚類学者として働き、8巻の魚類図鑑を出版した。

ラ採集においては相当な自信を持っているが、この種だけは捕まえようと思っても捕まらない。一方で近年ではあちこちで報告されている種でもある。しかしそれも登山者などが山道で死体を発見したという記録がほとんどを占める。またフクロウのペリットのなかからも頻繁に見つかっている。このような限られた記録から本種が確かに本州の山地に生息していることを明らかにしたのは、国立科学博物館で戦後の哺乳類学を支えた今泉吉典である。一九四九年のことだった。

プライヤーはこのような珍しい種をどのようにして発見したのであろうか。おそらく一八七〇年代にはすでに博物への関心を昇華させて、各地で採集活動を行っていたと考えられる。そのなかで、猟師などから標本を入手したり、死体を見つけたり、また購入するなどして、日本の動物標本を収集していったのだろう。

彼は大学などに席を置くお雇い研究者ではなかったが、昆虫、特に蝶の類に関しては造詣が深く、一八八六年に『日本産蝶類図譜』の第1分冊を出版している。これは近代日本における蝶類のモノグラフとしては最初のもので、著名なものである。彼は第2分冊以降も出版を予定していたが、一八八八年に横浜で死去したため叶わず、しかしその後、仲間の支援によって本書は全3冊として完結することができた。

ペリット
動物が獲物を丸のみにし、食べた残りのカスを吐き出したもの。

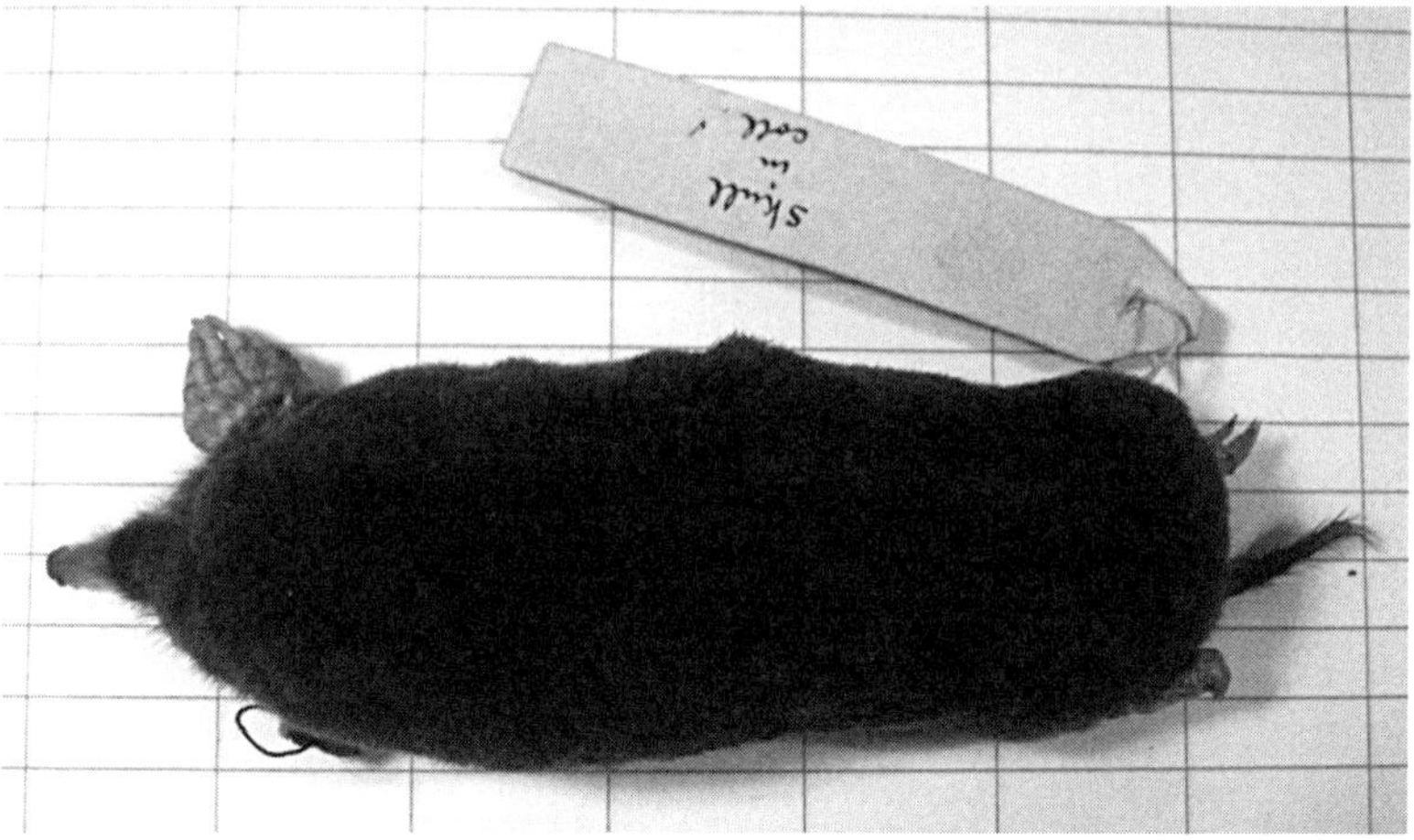

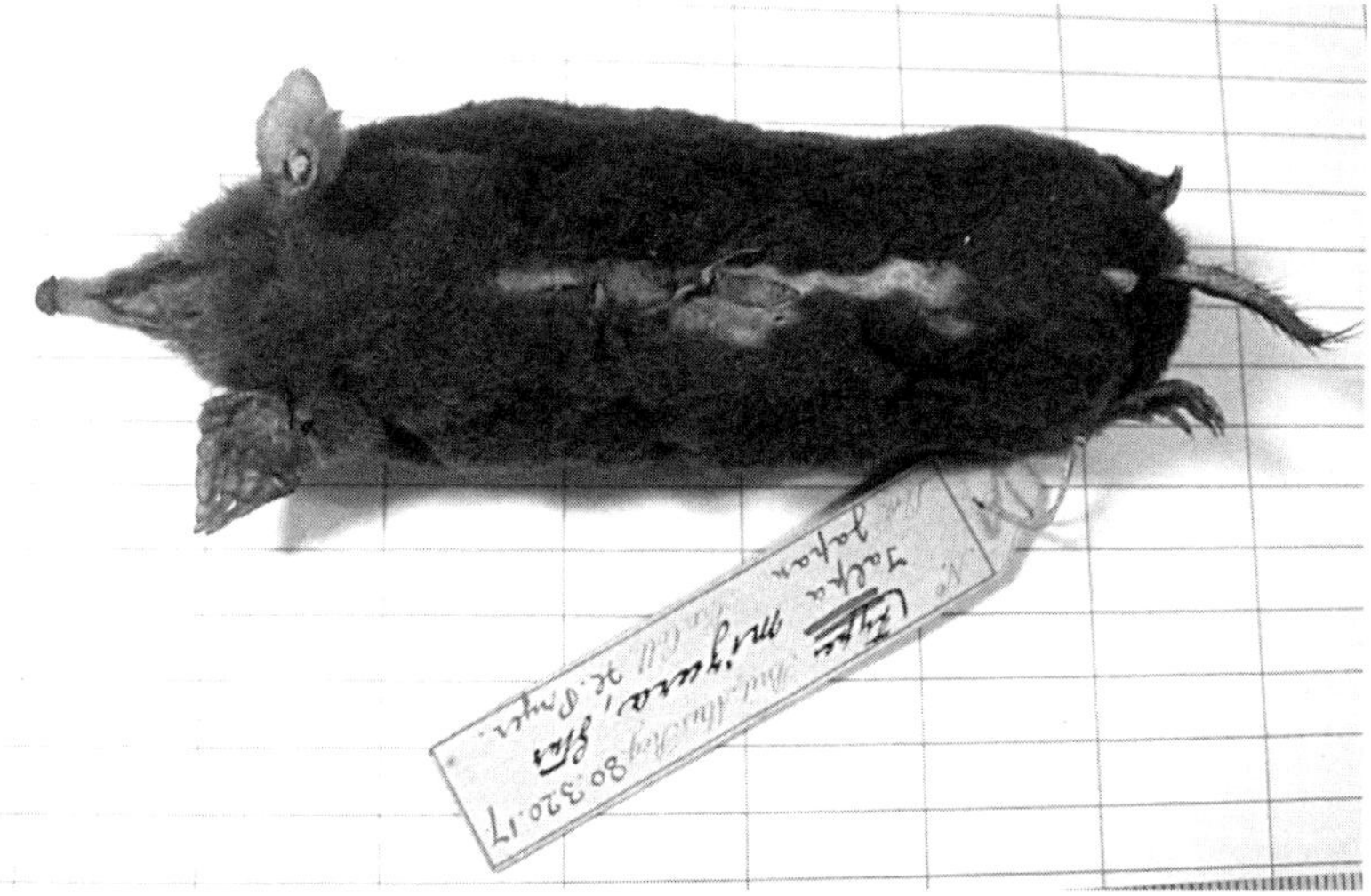

大英自然史博物館所蔵のミズラモグラのタイプ標本。採集者として「Pryer」の名が記されている。

生きているミズラモグラの姿。

このように一商館員として来日した後に、アマチュア研究者として才能を発揮した人物なのである。また彼は、北海道のトーマス・ブラキストンと協働して鳥類に関する論文を一八八〇年と一八八二年の二度にわたって報告しているが、実はこの二報の間でオーストンから得た鳥類標本に関する情報が付加されている。つまり、この二人のイギリス人は横浜という土地で交流したことが推測されるのだが、今のところそれを示すようなほかの資料は見つかっていない。

トーマス・ブラキストン
Thomas Wright Blakiston
一八三二–一八九一
イギリスの貿易商。博物学者。幕末から明治期にかけて日本に滞在し、北海道を中心に鳥類の調査を行った。動植物分布境界線（ブラキストン・ライン）の発見者。

標本商・オーストンの誕生

オーストンもまた博物への関心を持つ人物だったが、その萌芽は彼の幼少期にあったと思われる。彼の父フランシスはキリスト教の司教代理の立場にあったことがわかっているが、一八四四年発行の『Zoologist』という雑誌に鳥のさえずりに関する報告記事があるので、鳥類の観察なども行う人物であったようだ。

当時の牧師さんには、生物学に関心があったと思われる人物が少なくない。前章で紹介した、フランスから中国に派遣されたダビッド神父もそうであるが、遺伝法則を独自の実験により発見したグレゴリー・メンデルのような人物も特筆すべき自然史調査能力を持った神父だった。また、そもそも博物学への関心というもの自体が、当時の貴族社会における「たしなみ」のようなものとして受容されていた事実もある。動物の名前をたくさん知っている、とか、どこにどんな動物がいつ現れるといった情報は、人との交流のうえで役立つネタだったということかもしれない。

デイヴィッドE.アレンが著書『ナチュラリストの誕生』においてイギリスの著名な造園家ジョン・ラウドンの言葉として伝えた一節はこれをよく表現している。

「ナチュラリストは野外を方々歩きまわり、鳥や昆虫、植物の習性を調べたり、生息地を探し求め、このことが、自分の健康を鍛えるばかりでなく教区民との頻繁な交際のための十分な機会を与えるのである。このようにして、彼らの相互の面識が育まれ、最後に牧師は聖なる教師であると同時に、教区民にとっての相談役や友人ともなるのである」

オーストンは鳥類の観察を楽しむ父に同行して自然の素晴らしさを学んでいったのではないか。しかし、残念ながらそれを補強する情報は現在まで得られていない。

『ナチュラリストの誕生―イギリス博物学の社会史』
デイヴィッドE.アレン 著／阿部治 訳／平凡社／一九九〇年刊
原題：The Naturalist in Britain: A Social History (1976)

それはさておき、来日したオーストンを特に魅了したのも鳥類だった。それは、彼がその後の研究コミュニティーにおいて、鳥類標本の提供や販売から交流を始めている点や、自身も鳥類の観察結果を報告しているところに見て取れる。

一八七九年の起業以来、博物学に関する活動の端緒は一八八二年に米国スミソニアン協会から派遣された動物採集人ペレ・ルイス・ジューイの調査を手伝ったという報告に見える。同協会の紀要に掲載された彼の文章によれば、日本では横浜を拠点として3回の調査が行われ、オーストンをはじめ多くの在日外国人ナチュラリストの協力を得たことが記されている。またこのなかで、ジューイの採集を手伝った人物としてプライヤーの名もあるが、これら横浜にいた外国人ナチュラリストたちがどのように交流していたのかは不明である。横浜には当時多くの外国人商人が集っていたが、博物学的関心が深かった二人になんらかのやり取りがあったことは想像に難くない。

ジューイの立場としては、日本の玄関口ともいえる横浜で、ネイティブの英語が話せる動物好きの人物がいれば大変に心強かったであろう。オーストン商会はこの頃にはすでに日本人の使用人を2名抱える会社となっており、通訳として彼らを使うこともできたはずである。こうして彼らは交流し、ジューイは採集人としての任務を十分

ペレ・ルイス・ジューイ
Pierre Louis Jouy
一八五六－一八九四
アメリカの鳥獣標本採集家。ニホンカワウソなどの日本産鳥獣を採集し、リュウキュウカラスバト*Columba jouyi*の学名に献名されたことでも知られる。

に果たして帰国することができたのだろう。
一八九〇年代になると、オーストンは標本商としての業務を本格的に開始する。一八九四年から一八九五年にかけて、新聞紙上で鳥類の卵や巣を買い入れるという広告を出しはじめ、どうやらこれが日本各地の「鳥撃ちに自信あり」という人物たちを採集人として雇用するきっかけだったようだ。例えば林正敏著『鳥学を支えた岳人』には高山鼎二という人物が、オーストンの新聞広告を見て採集人として働くようになったこと、またオーストンから鳥類の卵標本を作製するために必要な道具を譲り受けて、その作業に従事したという逸話が書かれている。新聞広告には「資金壹円得百円業」と書かれており、野生の鳥をほとんどただで入手して、それなりの代金を得られる、とても儲かる商売であったことが示されている。

『鳥学を支えた岳人』
林正敏 著／信濃毎日新聞社／一九九一年刊

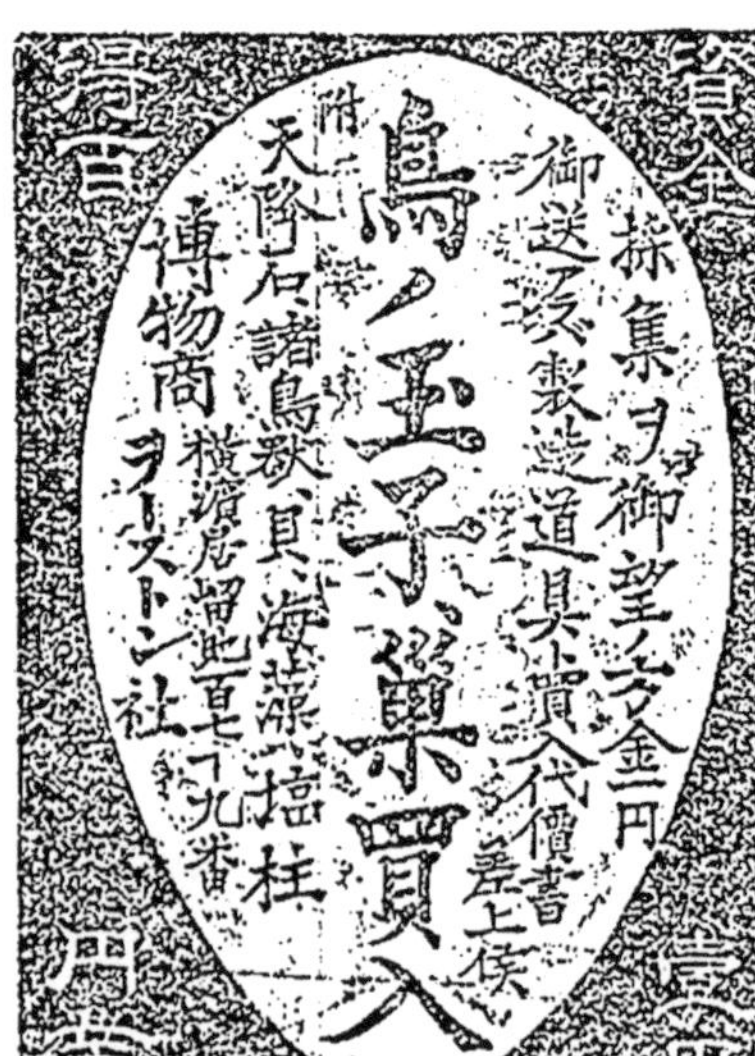

1894年3月27日付の東京朝日新聞に掲載されたオーストン商会の広告。

オーストンが海外に送った標本

日本で収集した標本を、オーストンはどういったところに販売していたのだろうか。これを知るには膨大な文献情報を整理する必要があるのだが、それは後の課題として、まずは奥の手を使ってざっと調べてみた。

動物学者はしばしば新種を発見したときに、その記載の基となるタイプ標本の採集者や提供者、世話になった人物などの名前を学名に付けることがある。例えば僕はヤマジモグラを記載した際に種小名に鹿野忠雄の名前を冠したが、そのようなイメージだ。『三崎臨海実験所を去来した人々』によれば、オーストンの名前が学名になっているのはソコアマダイという魚類の属名と科名、さらに、オーストンホッスガイ、オーストンフクロウニ、オーストンガニ、オーストンミドリユムシ、ミツクリザメ、ユメザメ、ハツメ（魚）、オーストンガエル、オーストンウミツバメ、オーストンオオアカゲラ、オーストンヤマガラといったものの種小名に「*owstoni*」が付けられており、その数は20種を超える。これらを名付けた人物がわかれば、誰がオーストンから標本を受け取っていたかがわかる。

また同書には、水産物に関する調査への貢献者としてオーストンが詳しく紹介されている。オーストンは実験所周辺を自身が所有するヨット「ゴールデン・ハインド」を操縦して、帝国大学の箕作及び飯島教授の調査をサポートした。彼は横浜ヨットクラブの創設理事の役職も持っていたので、その方面は『日本ヨット史』に詳しい。オーストンと帝国大学教授陣との交流は『動物学雑誌』でもたびたび報告されており、遅くとも一八九一年頃には接点があったと推測されるが、交流が本格化したのは、一八九三年にオーストンが小笠原諸島から入手したカラスバト *Columba janthina* やイワミセキレイ *Dendronanthus indicus* といった鳥類を、飯島が譲り受けて記載したあたりからと思われる。一方、箕作との関係を示す重要なものが一八九六年にオーストンが入手したミツクリザメ *Mitsukurina owstoni* である。

この標本は、箕作が一八九七年にカリフォルニアで行われたアザラシ類の国際会議に出席するために渡米した際に持参されて、スタンフォード大学のデビッド・スター・ジョーダンの目に触れた。ジョーダンはこの種が深海性の未記載種であり、新属新種

『日本ヨット史 文久元年〜昭和20年』
白崎謙太郎 著／舵社／一九八八年刊

デビッド・スター・ジョーダン
David Starr Jordan
一八五一 - 一九三一
アメリカの優生学者。魚類学者。インディアナ大学学長、スタンフォード大学初代学長、同総長を務めた。ミツクリザメの命名者。

オーストンの名を冠した世にも珍しい深海のサメ、ミツクリザメ。オーストンは小田原の漁師からこれを入手した。
（提供：仲谷一宏）

として記載する価値を認め、属名を箕作に、種小名は箕作の希望でオーストンに献名されて学名が与えられるに至った。

このあたりを機に、アメリカのジョーダンとの交流も盛んになっていったようである。三浦半島周辺で採集された魚類は多くがアメリカへ販売され、ジョーダンやハーバード大学比較動物学博物館のサミュエル・ガーマンといった魚類研究者に調査されている。オーストンに対する敬意もしっかりと名前に残されており、オーストンクサウオ *Trismegistus owstoni* とオーストンツノザメ *Centroscymnus owstoni* はそれぞれ彼らによって記載された種である。魚類以外ではハーバード大学のハバート・ライマン・クラークや米国水産局のオースチン・クラークが棘皮《きょくひ》動物（ヒトデやウミシダ類）の記載を行い、またウニについてはコペンハーゲンのテオドア・モルテンセンが標本を受け取り、オーストンフクロウニ *Araeosoma owstoni* に名を残すこととなった。三崎臨海実験所がある相模湾は非常に高い深度の場所が海岸付近に迫っており、現在でも深海生物の宝庫としてよく知られる場所である。その地域の自然史開拓にオーストンは大きな貢献をしたのである。

後に僕が調べたところでは、魚類にオーストンギンザメ、鳥類ではグアムクイナ、昆虫類ではハヤシナガアリ、哺乳類でもオーストンカオナガリスやオーストンヘミガルスというベトナム北部に生息するジャコウネコ科の一種の学名にオーストンの名が認められ、水生生物や鳥類以外にも散見する。これらを〈表2〉に学名と記載者及び記載年とともにまとめたが、哺乳類2種に関しては記載は「Thomas」、すなわちハイナンモグラの記載者であるオールドフィールド・トーマスによるものだ。オーストンとトーマスが標本提供者と研究者という立場で交流していた様子が少しずつ見えてきた。

さて、いよいよ海南島での活動を紐解いていくことにしよう。

表2 学名にオーストンの名を冠した動物一覧

※「記載者・年」が（ ）で記された種は原記載から属名が変更したもの。

和名	現在の学名	記載者・年
オーストンミドリユムシ	*Thalassema owstoni*	Ikeda, 1904
オーストンホッスガイ	*Hyalonema owstoni*	Ijima, 1894
オーストンフクロウニ	*Araeosoma owstoni*	(Mortensen, 1904)
オーストンガニ	*Cyrtomaia owstoni*	Terazaki, 1903
ハヤシナガアリ	*Stenamma owstoni*	Wheeler, 1906
ソコアマダイ属	*Owstonia*	Tanaka, 1908
ミツクリザメ	*Mitsukurina owstoni*	Jordan, 1898
ユメザメ	*Centroscymnus owstonii*	Garman, 1906
シロブチギンザメ	*Chimaera owstoni*	Tanaka, 1905
クリミミズアナゴ	*Muraenichthys owstoni*	Jordan & Snyder, 1901
ハツメ	*Sebastes owstoni*	(Jordan & Thompson, 1914)
ハゲイワシ	*Alepocephalus owstoni*	Tanaka, 1908
オーストンクサウオ	*Liparis owstoni*	(Jordan & Snyder, 1904)
ヤエヤマアオガエル	*Rhacophorus owstoni*	(Stejneger, 1907)
グアムクイナ	*Gallirallus owstoni*	(Rothschild, 1895)
オーストンウミツバメ	*Oceanodroma tristrami owstoni*	(Mathews & Iredale, 1915)
オーストンオオアカゲラ	*Dendrocopos leucotos owstoni*	(Ogawa, 1905)
オーストンヤマガラ	*Parus varius owstoni*	Ijima, 1893
リュウキュウキビタキ	*Ficedula narcissina owstoni*	(Bangs, 1901)
タカサゴウソ	*Pyrrhula erythaca owstoni*	Rothschild & Hartert, 1907
オーストンカオナガリス	*Dremomys pernyi owstoni*	(Thomas, 1908)
オーストンイワリス	*Sciurotamias davidianus owstoni*	(Allen, 1909)
オーストンヘミガルス	*Chrotogale owstoni*	Thomas, 1912

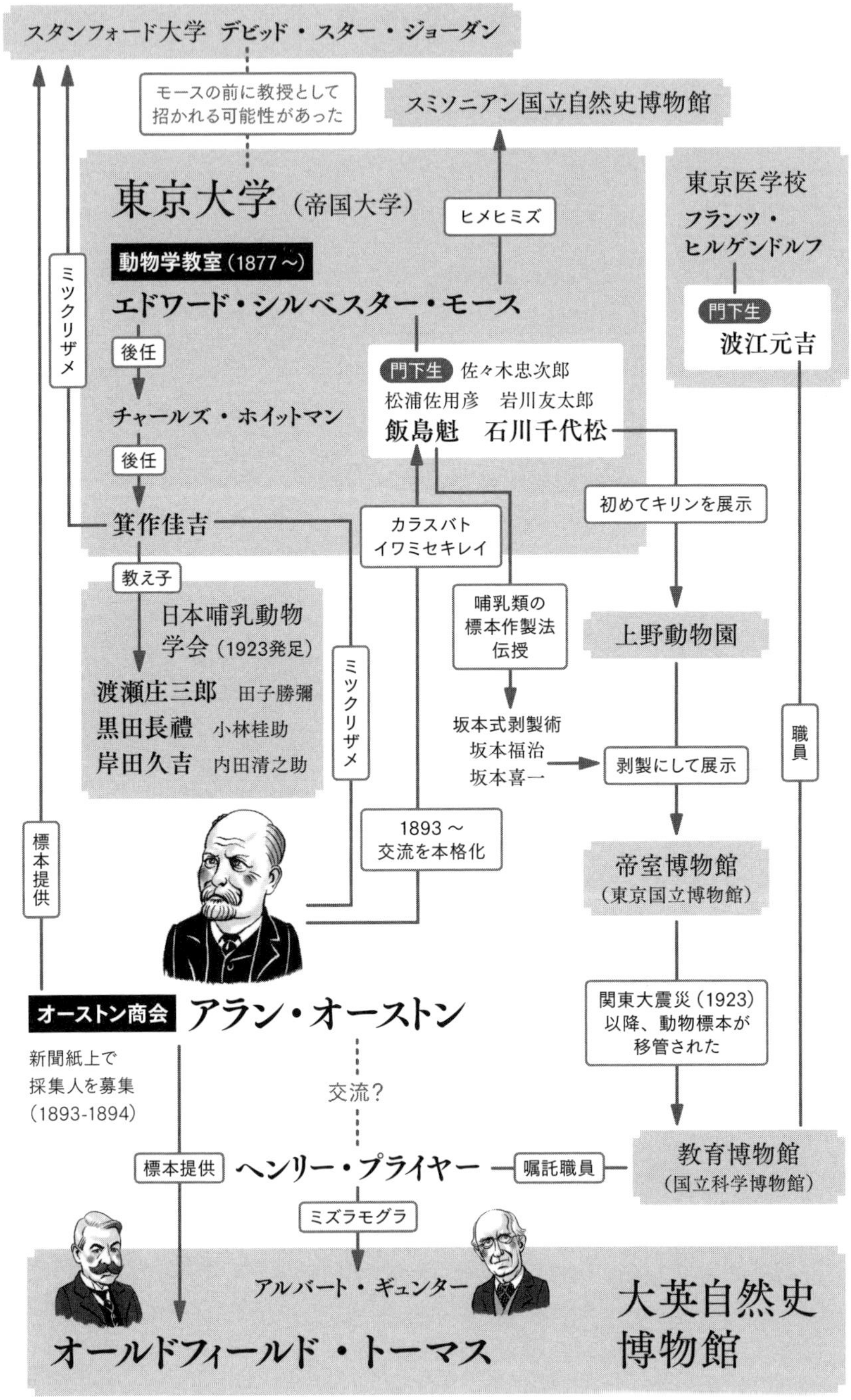

スタンフォード大学 デビッド・スター・ジョーダン
モースの前に教授として招かれる可能性があった
スミソニアン国立自然史博物館
東京大学（帝国大学）
動物学教室（1877～）
エドワード・シルベスター・モース
ヒメヒミズ
ミックリザメ
後任
チャールズ・ホイットマン
後任
箕作佳吉
門下生 佐々木忠次郎
松浦佐用彦 岩川友太郎
飯島魁 石川千代松
東京医学校
フランツ・ヒルゲンドルフ
門下生
波江元吉
初めてキリンを展示
カラスバト
イワミセキレイ
教え子
日本哺乳動物学会（1923発足）
渡瀬庄三郎 田子勝彌
黒田長禮 小林桂助
岸田久吉 内田清之助
哺乳類の標本作製法伝授
上野動物園
ミックリザメ
坂本式剥製術
坂本福治
坂本喜一
剥製にして展示
職員
標本提供
1893～
交流を本格化
帝室博物館
（東京国立博物館）
関東大震災（1923）以降、動物標本が移管された
オーストン商会 アラン・オーストン
新聞紙上で
採集人を募集
（1893-1894）
交流？
標本提供
ヘンリー・プライヤー
嘱託職員
教育博物館
（国立科学博物館）
ミズラモグラ
アルバート・ギュンター
オールドフィールド・トーマス
大英自然史博物館

第4章

ロスチャイルドと海南島の採集人

謎の採集人、勝間田善作

海南島の標本についての模索は思わぬ方向に進展した。二〇一〇年の学会に向けてハイナンモグラのラベルについての話をまとめていた頃、一冊の本との出会いにより事態は急展開を迎えたのである。

海南島と日本の関係を調べていたところ、『海南島の開発者　勝間田善作』という本が目に留まった。著者は長沼依山《ながぬまいざん》という人で、童話作家にして後に浦和幼稚園を設立し、幼児教育を推し進めた人物らしい。戦前に書かれた本であり、博物館の図書室にはないが、インターネットで購入可能なようである。なんらかのヒントがあると祈念して、購入することにした。

数日後、届いた本はさすが戦前の出版物であることを思わせる、今にも表紙が外れてしまいそうなものだった。中の紙は経年焼けで周囲は茶色くなり、僕が所有するどの古書よりも歴史を感じる。本が壊れないように注意しながら早速ぱらぱらとページ

『海南島の開発者　勝間田善作』
長沼依山 著／三省堂／一九四三年刊

浦和幼稚園
大正末期、幼児の集団生活としいしつけの指導を目的として、浦和（埼玉県）の旧本陣の地に創立された。

をめくっていくと、ある記述に僕の目は釘付けになった。イギリス調査において森林総合研究所で見たのと同じ書式のラベルを発見したときに体に走った衝撃が、その瞬間、再び全身を貫いたのだった。

この本の主人公、勝間田善作《かつまたぜんさく》は現在の静岡県御殿場《ごてんば》市にある印野村《いんのむら》の出身で、一八七四年一月四日に石田房二郎の家に生まれたので本名は石田善作という。いわゆる神童ともいえる快活な少年時代を過ごしたらしい。一八八一年四月から、立身舎にて小学校の勉強を始める。受け持ちの大久保忠文先生は駿河出身の山田長政《やまだながまさ》を江戸時代にタイで一国の王にまでなった人物と称えては、同郷の者に正義・勇気・努力を指導した。小学生時代、彼が友人と二人で富士山に登頂するという偉業を成したことも記録されている。学業においてのみならず、家業の畑仕事もよく手伝ったとのことで、また両親が病に伏していたときには、二日に一度、遠方へと徒歩で薬を取りに出かけ、その傍らで勉学に励み、優秀な成績を収めたという。ＮＨＫの朝ドラにでもなりそうなストーリーである。

立身舎
明治七年、印野村に設置された仮学校「立志舎」に端を発し、翌年「立身舎」として小木原地区に開校。後に名称を変えて、現在の印野小学校となる。

勝間田善作翁の肖像写真。

長沼依山著『海南島の開発者　勝間田善作』。この本との出会いは衝撃的だった。

その彼が十七歳になった一八九〇年のこと、一人の外国人が二、三の案内人とともに横浜からやってきて、通訳を介してこう話したという。

「野原にとんでいる鳥を捕まえてくれれば、どんな鳥でもそれを買いあげるし、またその卵も一つ一銭以上三銭で買うから集めてくれ」

善作の家は農家で、暮らしぶりが芳しくない。長男の彼はしっかりと働いて両親を助けようとするが、なかなか稼ぎは増えなかった。そんな頃である。善作はその外国人の希望を叶えるべく、野山に分け入り、希望する鳥を入手したらしい。

その外国人の名を「アラン・オーストン」といった。本にはオーストンがイギリスの

「ロスチャイルド」という人物からの依頼で、日本産の小鳥類の剥製や卵を収集していたことまで書かれていた。

「ロスチャイルド」とは、イギリスの資産家として知られるロスチャイルド家のライオネル・ウォルター・ロスチャイルドのことである。銀行家としての家業の傍ら（というよりそちらはほとんどほったらかしにして）幼少からの自然史への興味を推し進めた人物として知られ、世界中から膨大な数の動物標本を入手して、私設博物館も持った人物である。これについては後述しよう。

さらに善作は、オーストンに富士山麓での鳥類採集の能力を買われて、愛知県岡崎市出身の中根松十郎とともに一八九五年三月から標本収集のため琉球列島を旅する。これは、九州は鹿児島から、奄美大島、那覇、宮古島を経て石垣島にまでわたるもので、一年間をかけての採集旅行となった。道中、奄美大島ではアマミノクロウサギ*Pentalagus furnessi*も捕獲したそうで、標本を送ってもらったロスチャイルドはロンドンの万国博覧会に収集

その人々の話によつて、この外國人は、横濱の山下町に貿易商をいとなんでゐるオーストン商會の主人、アラン・オーストンといふ人で、ロンドンに博物館をもち、各方面の博物標本を集めてゐるロスチャイルドからたのまれ、日本の小鳥類の剝製や、卵の標本などを、ロンドンへ送つてゐる人だといふことがわかつた。

『海南島の開発者　勝間田善作』より、オーストンとの出会いの場面を抜粋。

品を出品し、一等賞をもらったといったことも記述されている。ところで、アマミノクロウサギはこの翌年、アメリカ人のウィリアム・ヘンリー・ファーネスが奄美大島を訪問した際に採集され、フィラデルフィアに送られた標本をもとに、一九〇〇年にウィトマー・ストーンが記載した種ではなかったか。この記述が事実なら、それを遡る出来事ということになる。

琉球から帰還した善作はオーストンからさらなる信頼を得て、困難な提案を受けることになった。本のタイトルにある通り、ロスチャイルドのために未開の中国海南島へと渡るよう依頼されたのである。彼は悩んだ末に、両親に迷惑がかからないようにと姓を故郷の村を開いた一族にあやかり勝間田として、一八九六年に友人とともに海南島へと旅立つ。そして数年間そこに滞在し、様々な苦難があるなかで採集した標本をオーストンに送り続けた。六年後にオーストンとの契約が満了するまでに採集したものは鳥類260種、ヘビ30種、獣類30種、魚類30種、昆虫類1120種を数えた。そして一九〇六年頃、今度はロスチャイルドから手紙を受け取り、「雲南省から、四川省、チベットの山の中に入って」仕事を続けてほしいと頼まれたという。

アマミノクロウサギ。世界でも奄美・徳之島にしか分布しない、生きた日本の宝。

ところが、彼はこれを固辞して以降もそこにとどまり、海南島の地図の作成やパイナップル栽培やテグス産業といった殖産振興、さらに医療の普及などにも貢献したと書かれている。日本と中国の関係が悪化するなか、一九三七年に一度は台湾へと戦火を逃れるが、一九三九年の日本軍による海南島上陸の際には、島の地理などに詳しい人物として重要な役割を果たし、一九四〇年四月三日、海口市にて死去している。著者の長沼は昭和十五年三月、善作が亡くなる数日前に海南島で善作本人と息子に面会し、この話を聞いて執筆したのだという。

本の扉部分には勝間田の肖像や墓の写真なども掲載されていた。彼の生地に、その墓はまだ残されているのだろうか。

僕は二〇一二年三月、現在は御殿場市に含まれているかつての印野村を訪問した。役所で聞いてみたところ、墓は今も残されているとのことで、その場所を教えてもらった。勝間田善作の墓参りである。また勝間田のことが少し書かれているという『印野村史』なるものも紹介していただいた。どうやら地元では有名な人物らしい。

墓は立派なもので、驚いたことにその墓石には細かい文字で勝間田の功績が詳細に彫り込まれていた。これをノートに書き写し、ふと最後の署名に目をやると、なんと長沼によるものではないか。これはまさに『海南島の開発者』のアブストラクト的なものである。こんな墓石は見たことがない。勝間田善作という人物への興味がますます深まってきた。

それにしても一体全体、こんな博物学史的に重要な事実が、ほかのどこにも記録されていないのはどういうことか。様々な文献を調べてみたが、勝間田善作という人物について、採集人としての立場で書かれたものは見つからなかった。

ただ昭和初期に活躍した鳥類学者である蜂須賀《はちすか》正氏《まさうじ》が執筆した『海南島鳥類目録』（一九三九）を読むと、この島の自然史に貢献した人物として「勝股善作」という人物があったことが書かれている。蜂須賀は徳島藩主蜂須賀家の人で、その型破りな私生活と、熱心な鳥類研究で有名である。イギリスに留学した際にロスチャイルドとも交流している。ロスチャイルドが海南島探検の立役者であるなら、なんらかの関係があったと考えるのが自然である。

蜂須賀正氏
一九〇三－一九五三
鳥類学者。華族、政治家。絶滅鳥ドードー研究の権威として知られ、沖縄本島と宮古島との間に引かれた蜂須賀線（動物地理区の境界線）にその名を残している。

海南島の動物研究史も『海南島鳥類目録』に詳しく記されていた。これによれば、海南島の鳥類を最初にヨーロッパに紹介したのは、タイワンモグラを記載したスウィンホーだったらしい。彼は台湾に渡る以前は北京の領事館にいたが、一八六八年四月に在北京の英国公使の命を受けて海南島を訪問し、鳥類を採集したという。しかし彼自身に島の内部を探検する意思はあったものの、実際の調査は沿岸部のみのものだったようだ。

次に登場するのはドイツ人商人のフィリップ・ベルナルド・シュマッカーである。彼は日本と中国に滞在した人で関心は貝類にあったが、中国人と思われる「テツ」という鳥類採集人を連れて島を二度訪問した。テツの収集能力はかなりのものだったようで、スウィンホーの収集した鳥類リストに新たな種を加えるものだった。

これらはいずれも沿岸地域の鳥類にとどまる調査となったわけだが、内陸部にまでわたる調査行は一八九九年三月から行われたジョン・ホワイトヘッドによるものが最初である。彼はそれまでにボルネオやフィリピンといった厳しい気候条件にある未開の地を開発した探検家だった。その後に海南島に入って、この島の最高峰五指山へと調査に入ったところで熱病に侵され、この地で命を落とした。捕獲された鳥類の記録はイギリスの鳥類協会などで報告され、ヨーロッパにこの中国の島における自然の多様な姿を知らしめることとなるが、志半ばという感があり、もっと詳しく調査すればさらに大きな発見があることを期待させるような彼の死だった。これを受けて、イギリスの財閥ロスチャイルド家の当主、ライオネル・ウォルターをして海南島のさらなる調査へと目を向けさせた、ということらしい。その役割が「勝股」と記述される人物に回ってきたのだ。蜂須賀はロスチャイルド所有の海南島産標本が一九〇二年から一九〇六年のものまであると記録している。

ロスチャイルド家とのつながり

世界屈指の自然史収集家として知られるウォルター・ロスチャイルドは、イギリスに移り住んだロスチャイルド家の三代目当主となる人物である。彼は幼少の頃より鳥類の剥製作りに関心があり、使用人にして剥製の技術に長けたアルフレッド・ミナールからその手技を学んで成長する。またロンドンの自然史博物館では当時の動物部長、アルバート・ギュンターからの寵愛を受け、鳥類学に関する知識を蓄えていく。二十一歳の誕生日には、庭に彼専用の戸建てを父からプレゼントされ、そこを自身の博物館として標本を陳列した。この頃すでに5000点を超える鳥類標本や4万点近い蝶や蛾のコレクションを持っていたという。

彼は財閥の跡取り息子という立場を利用してさらなる標本収集に乗り出す。世界中の各地に採集人を送り込んで、彼のためだけに鳥類や昆虫類などの自然物を収集させたのである。標本だけでなく、生きている動物も多数送られており、トリング・パークと呼ばれた飼育場の写真を見る限り、ガラパゴスゾウガメなどは二十数個体も飼育していた。そのほかカンガルーやヒクイドリといった動物も飼育し、シマウマは馬車に利用するという愛好ぶりである。

ロスチャイルドが自身の博物館を持っていたこと、そしてそのコレクションが素晴らしいという話は、大学院生の頃から誰となく聞いていた。家業を投げ打って標本収集に明け暮れていた財閥の御曹司は、一体どのような人物だったのだろうか。現在、彼の博物館は大英自然史博物館の鳥類部門として建物ともに残されている。一度訪問したい場所だったが、これは後に実現する。

オーストンとロスチャイルドがどのようにして知り合ったのかは不明だが、世界中の動物標本を収集していたロスチャイルドとしては、未所持だった日本のものをなんとか入手したかったのではなかろうか。そして彼が大英自然史博物館で教育を受けたギュンターか、もしくはその後の研究者が、以前ミズラモグラを含む標本を送ってもらった横浜のプライヤーを紹介したのかもしれない。ところがこの頃すでにプライヤーはこの世を去っており、流れとしてオーストンにその役が回ってきたのではないだろうか。その実働部隊として選ばれたのが、勝間田だった。

ライオネル・ウォルター・ロスチャイルド。
史上最強の標本コレクター。

ウォルターの住んでいたトリング・パークには、ゾウガメやシマウマといった動物が多数飼育されていた。

ますます深まる謎

ここまでで、ロスチャイルドからオーストンへ依頼があり、その採集人として勝間田善作という人物が海南島へと派遣された道筋が明らかになった。ところが具体的にどのような成果があったのかといったことについては未解決である。

ロスチャイルドは相当な博物狂で、おそらくなんでも集める人だっただろうから、彼が専門とした鳥や昆虫以外のものも送ってもらったのではないか。もしそうならば、問題のハイナンモグラの標本も大英自然史博物館に収蔵される前にはロスチャイルドの個人コレクションだったのだろうか。それが後に自然史博物館へ移管されたのかもしれない。

あるいは、彼はそもそも哺乳類には関心が薄く、手元に置いておく必要のない標本はそのまま博物館に寄贈してしまったとも考えられる。ロスチャイルドは少年の頃にたびたび大英自然史博物館を訪問し、ギュンターの寵愛を受けたというのだから、そのような標本の流れがあったとしても不思議はない。ハイナンモグラの記載を行った哺乳類学者であるオールドフィールド・トーマスは、ギュンターが動物部長の職にあるときに大英自然史博物館にアシスタントとして雇用された人物である。イギリスで膨大な個人コレクションを有するロスチャイルドとの関係がなかったとは考え難い。

トーマスは一八八〇年代から一九二〇年代にかけて大英自然史博物館で哺乳類の研究者として在籍した。彼はもともと博物館に事務官として採用されたが、動物への情熱を買われてのことか、当時の動物部長、ギュンターの元で標本の整理やカタログ化を担うアシスタントとして異動し、哺乳類の担当を指示された。当時は、哺乳類の研究者といえども、哺乳類だけでなく鳥類やそのほかの脊椎動物までを対象とするのが当たり前だった。完全に哺乳類のみを専門としたのは、おそらく彼が最初の人物だったのではないか。

転機を迎えたのは、一八九一年にメアリー・ケーンと結婚した二年後、妻が遺産を相続したときである。これを資金に、トーマスは世界各地の採集人や探検家から標本を購入できるようになる。妻はもともと博物関係の出ではなかったが、その頃には自然史研究にも興味を持つようになり、全面的にトーマスをバックアップするとともに、時には彼の採集調査にも同行したらしい。よき伴侶に巡り会えたのである。

彼の名は哺乳類学の世界では有名、というよりも伝説となっており、それは、彼が新種・亜種等として記載した哺乳類が世界五大陸にわたる総数2900もの分類群名に及ぶという、その桁外れの偉業による。これほどの種名を考案したことがまず驚きだが、そのなかには最も短い動物の学名として知られるイブニングコウモリに付けられた *Ia io* や、学名リストの最後に記されるように考案された *Zyzomys* というネズミの属名も含まれる。それほどの名前を考え出した人物だから、彼が命名したもののなかにロスチャイルドとの関係を匂わせるものがあるだろうと調べてみると、ロスチャイルドキリン *Giraffa camelopardalis rothschildi* という亜種をはじめ、ネズミ、カンガルー、イタチといったもの合計18の学名に「*rothschildi*」が見つかった〈表3〉。そしてそのうちの10の種についてはトーマスの記載によるものではないか。これは明らかに二人の交流を示すものである。ハイナンモグラの標本はロスチャイルド経由でトーマスにもたらされたに違いない。と、この頃は考えていた。

しかしまだ謎はある。長沼が執筆した伝記によれば、勝間田は一八九六年に海南島

最も短い動物の学名
学名の属と種に使用してよい単語は二文字以上と決められている。

に派遣されたというが、ハイナンモグラの採集年は一九〇六年となっている。オーストンと勝間田の契約期間は六年だったと長沼は書いており、これではあまりにモグラの捕獲が遅すぎるのではないか。一方で、蜂須賀が書いた『海南島鳥類目録』では、「勝股」が採集した鳥類標本は一九〇二年から一九〇六年までのものであったとされ、長沼の記述とは一致しない。また大英自然史博物館に標本が送られた経緯はよいとして、なぜ森林総合研究所に同じラベルの標本があったのだろうか。

どうやらこのあたりからは、海南島の生物が学術上記録されるに至った論文をこまめに分析していくほかなさそうである。それには、アラン・オーストンという人物がどういった研究者や博物館に標本の販売をしたのかを知っておく必要がある。また海南島の動物についての十分な調査を行わなくてはならない。ここは一つ、オーストンが

表3 「*rothschildi*」が付けられた哺乳類18種とその記載者

学名	記載者・年
Alcelaphus rothschildi	Neumman, (1905)
Coendou rothschildi	Thomas, 1902
Dorcopsulus rothschildi	Thomas, 1922
Eospalax rothschildi	(Thomas, 1911)
Giraffa rothschildi	Lydekker, 1903
Ictonyx rothschildi	Thomas and Hinton, 1920
Lepus rothschildi	de Winton, 1902
Lophocebus rothschildi	Lydekker, 1900
Loxodonta rothschildi	(Lydekker, 1907)
Mallomys rothschildi	Thomas, 1898
Massoutiera rothschildi	Thomas and Hinton, 1921
Mustela rothschildi	Pocock, 1932
Odocoileus rothschildi	(Thomas, 1902)
Paramurexia rothschildi	(Tate, 1938)
Peroryctes rothschildi	(Forster, 1913)
Petrogale rothschildi	Thomas, 1904
Phalanger rothschildi	Thomas, 1898
Uromys rothschildi	Thomas, 1912

関わったと思われる動物の記載を総まとめしてみようではないか。

ちょうどその頃、僕には歴史調査の仲間ができた。一人は僕の研究室で非常勤職員として標本登録を手伝ってくれていた下稲葉《しもいなば》さやかさんだ。彼女はもともと京都大学の博物館に所属する学生で、クマ類の頭骨変異に関する研究を行っていた。僕の研究室に来てからは、毎日収蔵庫にこもって古い標本の登録番号のチェックやデータベース化を緻密に行っていた。彼女のデータ整理能力は抜群で、いろいろなことを適当に済ましてしまいがちな僕のサポート役として適任である。

もう一人は平田逸俊《ひらたはやとし》君である。彼と初めて会ったのは、彼が大学一年生のときだったが、交流が深まったのはその翌年のことだ。先輩の標本調査のお手伝いとして来館し、収蔵庫で彼らが標本を調査していたそのときに、動物園からアフリカゾウが死亡したので提供したいという依頼があった。人手がほしくて彼らを勧誘し、ゾウの解剖に半ば無理やり連れて行った、というのがその経緯である。その後、彼はテンの頭骨標本を利用した自身の研究のためにたびたび来館するのだが、僕が明治から大正時代の標本の歴史などについてにわか知識を披露しているうちに、その世界に引き込まれて、古い本などで面白い情報を見つけては提供してくれるようになった。彼の古文献探索能力も一連の調査で大活躍することとなる。歴史の旅も道ずれが必要、みんなで楽しくやるのがよい。

ズーレコに見る動物学の変遷

こうした文献の調査は宝探しのような趣がある。研究者は興味ある分類群に関して、形態学的情報や分布情報を求めてその動物の記載論文を読むものだ。僕たちの狙いは興味にかかわらず十九世紀の終わりから二〇世紀の初めに記載されたすべての動物で、現在とは異なる学名で呼ばれている種も多い。例えば、ハイナンモグラと同じく、オーストンが大英自然史博物館に送ったとされる標本をもとにトーマスが記載した日本のネズミにケナガネズミがある。この種は現在*Diplothrix legata*という学名が使用されているのだが、この当時は*Lenothrix*という属の一種として記載されている。こんな具合であるから、動物名から文献にあたるのはなかなか効率が悪い。

ではどうやって調べていくかといえば、この当時に日本の自然史研究において活躍した研究者をまずリストし、さらにその研究者が書いた論文を年ごとにまとめていく。オーストンがかかわったのは一八九〇年代から彼が亡くなる一九一五年頃までと考えられるので、その約二十五年分の文献リストを作成するのだ。論文によっては聞いたこともない雑誌に掲載されたものもあるため、大変な作業と思われるかもしれないが、実は秘策がある。

『Zoological Record』(略してズーレコとしよう)という本はあまり一般には知られていないが、この作業に有効に利用できるものだ。ズーレコは一八六五年から、前述した大英自然史博物館の脊椎動物学者、アルバート・ギュンターの発案により、当初『The Record of Zoological Literature』という書名で出版が開始された。彼は、各国の研究者が自国の雑誌などに掲載した論文について、その著者名・発表年・論文タイトル・掲載誌及びページ数といった文献情報を取りまとめ、一冊の本として出版した。この本は、綱や目、種名といった分類群名からと、また研究者名から、辞書で単語を調べるようにアルファベット順に論文を検索できるようになっている。そしてギュンターがすごいのは、これを毎年出版し続けたことで、なんと現在も、前年の情報を取りまとめた動物学文献リストとして出版されている。おかげで、少なくとも一八六〇年以降に出版された動物学の論文は検索するのが容易になっている。

ありがたいことに、国立科学博物館の図書室にはこのズーレコが創刊年のものから二〇一五年のものまで全冊セットで保管されている。ズーレコは当初、すべての動物分類群を1冊にまとめていたが、年を追うごとに研究が進み、掲載される論文数が多くなるのに伴って、一九六三年には3部構成に、一九七二年以降は分類群ごとに分けられた20部構成（このうちセクション6と13はそれぞれ3冊と6冊に細分されているので、合計27冊となる）に分割して出版されるようになった。この20部中、哺乳類はセクション19に該当するが、二〇一五年のものでは1692ページという膨大なものである。いかに動物学の研究が発展してきたのかも、ズーレコのボリュームを見ればよくわかる。

このように、書庫に整然と並べられたズーレコは、新しい時代になるほどにページ数が増えて分厚くなっていくのであるが、そのなかにところどころ、薄いものが連続した年代があるようだ。その年を見ると、一つは一九一九年、もう一つは一九四五年にかかる時期である。これらの年は二度にわたる世界大戦の終結に一致していて、戦中の研究者の緊迫した状況や研究資金の減少を意味しているかもしれない。紙が不足し雑誌の出版が滞ったという事情もあったのだろうか。ヨーロッパ諸国では第一次世界大戦当時、学者がのんびりと研究活動を続けていられる状況ではなかった。第二次世界大戦において日本の研究者が同様な経験をしたであろうことは、我々もよく知るところである。動物の研究は一つの文化であるから、当時の世相をも如実に映す。そんなことも、書棚に配列されたズーレコを見るとうかがい知ることができるのだ。何事も長年にわたってやり続けることの価値を教えてくれているようである。

ズーレコは僕のように研究史を調べる者にとっても役立つが、ある動物についてこれから学ぼうという初学の者にとってはもっとありがたいものだろう。例えばモグラの仲間を示す「Talpidae」という部分を調べれば、

2017年に国立科学博物館で開催された大英自然史博物館展で展示したズーレコ。本が薄くなっているところが二度にわたる大戦の時期と一致する。

モグラ科の動物について何年にどのような内容の論文が誰によってどの雑誌に出されているかといったことを簡単に調べることができる。

同じやり方で、僕たちは調査目的の約二十五年分のズーレコから、ハイナンモグラの記載者であるトーマスの論文を片っ端からコピーした。そこからオーストンがかかわった可能性がある日本周辺の動物に関する論文をピックアップすればよい。また、同じ時代に活躍した他国の研究者についても同様に調べていく。日本以外にも分布する種で調べようとすると、外国で初めて採集されて新種記載が行われたようなものも含まれてしまうので、とりあえず日本固有種についてのみ総まとめしてみよう。下稲葉さんと平田君は、書庫にこもってこの作業を繰り返してくれた。その結果、明治時代の日本産動物に関する記載がたくさん見つかったことは、やはり鎖国が終わった後、欧米の研究者が遠く離れたこの島国の自然に対して多大な関心を持っていた事実を示していた。

トーマスが大英自然史博物館で活躍した時代は、世界各地から博物館に標本が届けられており、それはアメリカも同様であった。ちょうど十九世紀から二〇世紀へと移る頃で、日本では外国人による標本収集がますます活気づいていた時代だったのだ。

例えば一八九五年から一八九六年に来日したウィリアム・ヘンリー・ファーネスはアメリカの人類学者だったが、彼は2名を伴って奄美大島を旅行し、珍しい黒色のウサギを採集して本国フィラデルフィアへと送っている。これが一九〇〇年にウィトマー・ストーンにより記載されたもので、現在我々が希少な野生哺乳類としてよく知るアマミノクロウサギである。勝間田善作に関する長沼の記述では、ほぼ同年に勝間田も奄美大島でこの種を捕まえてロスチャイルドに送ったとされていたが、本当だろうか。ひょっとしたら彼らは一緒に奄美大島で調査をしていたのかもしれない。しかしこの疑問については、後に長沼の記述に間違いがあったと結論づけることになる。

ファーネスのような外国人は決して標本収集を目的として来日したわけではなかったが、たまたま動物学にも素養を有していたために、見つけた珍しいものを捕まえて標本として持ち帰った。

一方でこの時代には、博物館から標本採集という任務を負って、そのためだけに来日した人もあったようだ。

ウィリアム・ヘンリー・ファーネス
William Henry Furness
一八六六 - 一九二〇
アメリカの人類学者兼民俗学者。特にアジア文化を研究した。入れ墨マニア。

注文番号 845

国立科学博物館のひみつ

著◆成毛眞、折原守　本体1,800円

上野の日本館案内、巨大バックヤードである研究施設への潜入取材、チラシで振り返る特別展史など、科博が100倍おもしろくなる情報が満載!

注文番号 877

国立科学博物館のひみつ 地球館探検編

著◆成毛眞 監修◆国立科学博物館 本体1,800円

夢の科博ガイド第二弾!　科博の本丸・地球館を中心に、総勢15名以上の人気研究者が、見どころ&遊びどころをご紹介。読めば絶対に行きたくなる!

注文番号 912

ならべてくらべる 絶滅と進化の動物史

著◆川崎悟司　本体2,000円

首を長くしたキリン、海に帰ったクジラ、鼻を伸ばしたゾウ……動物たちの強く、賢く、逞しく、そして壮大な絶滅と進化の歴史を、細密な復元画とともに解説。

注文番号 846

生命のはじまり 古生代

著◆川崎悟司　本体1,500円

生命が誕生し、爆発的進化を遂げた古生代。アノマロカリスやハルキゲニアなどのカンブリア紀のスターをはじめ、古生代を彩った個性豊かな生き物たちを紹介。

籍通販のご案内

ご注文方法は裏面をご覧ください。

注文番号 928

アノマロカリス解体新書

著◆土屋健　　本体2,300円

史上最初のプレデターにして古生代カンブリア紀のスター、アノマロカリス。彼らはどのように発見され、解明され、愛されてきたのか。その研究史、文化史に迫る！捕食シーンを再現したAR（拡張現実）付。

注文番号 934

標本バカ

著◆川田伸一郎　　本体2,600円

標本作製はいつも突然やってくる―。「標本バカ」を自称する博物館勤務の動物研究者が、死体集めと標本作製に勤しむ破天荒な日々をライトなタッチで綴ったエッセイ。雑誌『ソトコト』の人気連載を書籍化。

注文番号 937

アラン・オーストンの標本ラベル

著◆川田伸一郎　　本体2,200円

世界の博物館に眠る、日本産動物の古い標本。これらはいつ、誰の手で、どういう経緯で今そこに収められているのか。日本の動物学・博物学の黎明期にその発展を支えた、あるイギリス人貿易商の功績を追う。

彼らの活躍と、そこに見え隠れするオーストンとのつながりについて、章を改めて深く探ってみることにしよう。

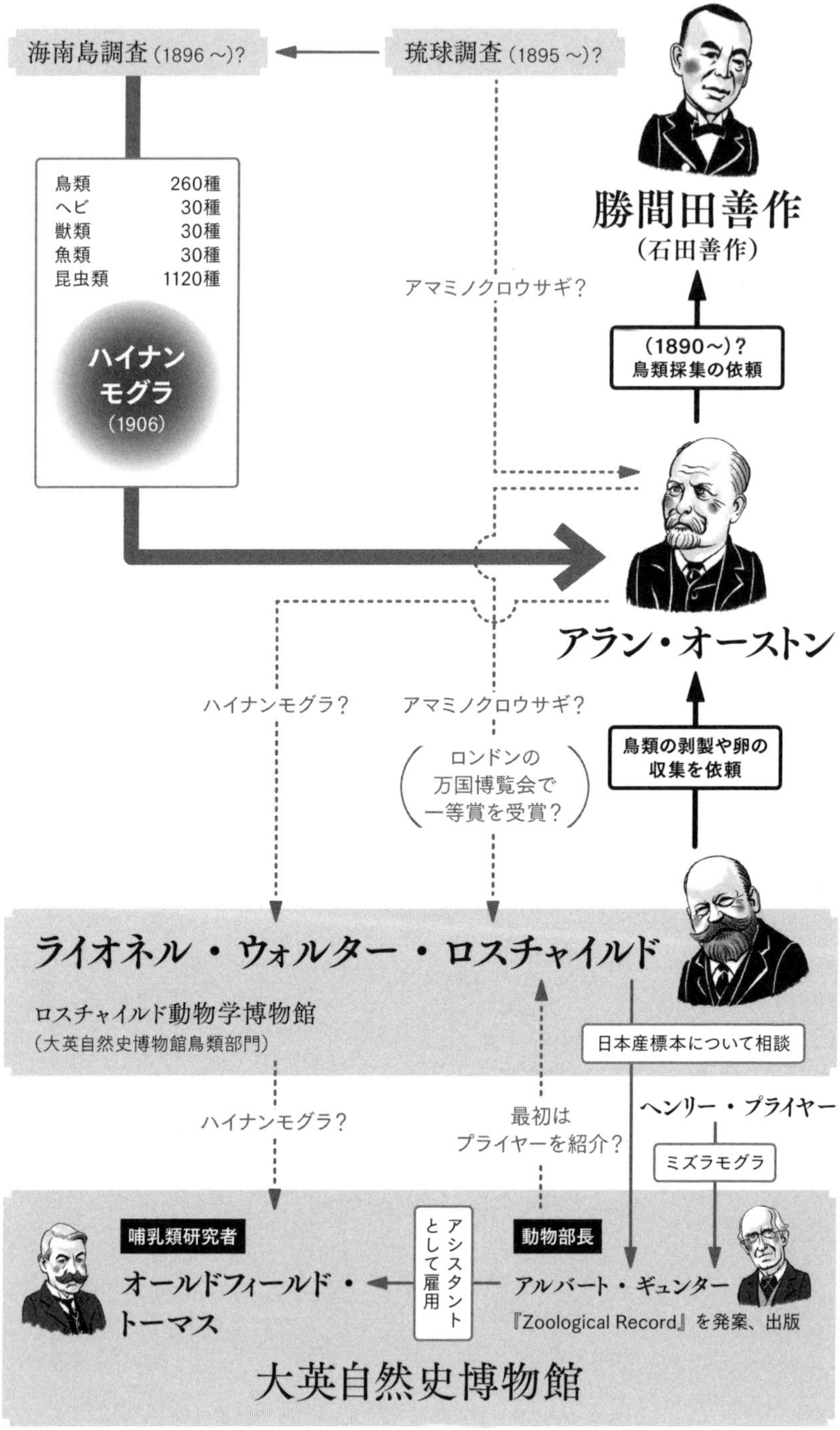

海南島調査（1896～）?
琉球調査（1895～）?
勝間田善作
（石田善作）
鳥類 260種
ヘビ 30種
獣類 30種
魚類 30種
昆虫類 1120種
ハイナンモグラ
（1906）
アマミノクロウサギ?
（1890～）?
鳥類採集の依頼
アラン・オーストン
ハイナンモグラ?
アマミノクロウサギ?
ロンドンの
万国博覧会で
一等賞を受賞?
鳥類の剥製や卵の
収集を依頼
ライオネル・ウォルター・ロスチャイルド
ロスチャイルド動物学博物館
（大英自然史博物館鳥類部門）
日本産標本について相談
ヘンリー・プライヤー
ハイナンモグラ?
最初は
プライヤーを紹介?
ミズラモグラ
哺乳類研究者
オールドフィールド・
トーマス
アシスタントとして雇用
動物部長
アルバート・ギュンター
『Zoological Record』を発案、出版
大英自然史博物館

第5章

オーストンの交流歴

神戸のリチャード・ゴードン＝スミス

シーボルト以降、鎖国が終了した日本では多くのナチュラリストたちによって動物調査が行われた。哺乳類に関してはお雇い外国人たちの活躍があったが、トーマスの論文を紐解くと、そのほかにもいくつかのイベントがこれを推進したことがわかる。

その立役者の一人がリチャード・ゴードン＝スミスというイギリス人だ。荒俣宏《あらまたひろし》氏が翻訳した『ゴードン・スミスのニッポン仰天日記』を読むことで、彼の素性について詳しく知ることができる。

裕福な家庭に生まれたゴードン＝スミスは、若い頃から冒険や狩猟を愛好する人物だった。お金に困ることもなく、良家の若い一人娘と結婚するが、野外生活を好んだ彼は結婚には向かなかったらしい。結婚生活に疲弊して一八九八年に来日すると、横浜周辺で一年あまりを過ごした。日記には日本独特の様々な物産などについての記述が多く、当時を知る資料としても価値が高い。

リチャード・ゴードン＝スミス
Richard Gordon Smith
一八五八 - 一九一八
イギリスの博物学者。明治後期に日本を訪れ、この地で見聞きした珍しいものを8冊の日記に残した。

『ゴードン・スミスのニッポン仰天日記』
リチャード・ゴードン＝スミス著／荒俣宏、大橋悦子 訳／小学館／一九九三年刊彼が日本を大変気に入ったことは容易に想像できる。この時代に来日した外国人は、皆この国を称賛している。明治時代のニッポンは外国人に大人気だったようである。一九〇〇年に彼が二度目の来日をした際には、横浜から神戸に向かい、そこにしばらく滞在したことが記録されている。翌一九〇一年に一時帰国するが、その後は住み心地のよかった神戸に居を移し、ここを拠点とした。もっともこの一時帰国についても、日本に長期滞在する口実を得るためのものだったようだ。このとき、彼は大英自然史博物館の館長であり動物学者だったレイ・ランケスターから日本産魚類の標本収集の依頼を正式に受け、大手を振って三度目の来日を果たしている。そして神戸の地で、数名の日本人協力者を伴って、魚だけでなくネズミやモグラといった小哺乳類まで採集を行った。

彼がイギリスに送った標本は、それまで断片的にしか知られていなかった日本産小哺乳類について多くの知見をもたらした。標本を調査したトーマスも満足したであろうことは、ゴードン＝スミスのコレクションを調査した一九〇五年の論文に見て取れる。このなかで彼が命名したスミスネズミ *Eothenomys smithii* という、現在でも日本固有種として知られるネズミの一種にゴードン＝スミスの名が捧げられているのが一つである。

他にもトーマスはこの論文のなかで、神戸でゴードン＝スミスが採集した大型のモグラについても調査している。この地のモグラは一八七五年にイギリスの調査船「チャレンジャー」が立ち寄った際にも得られていたが、ゴードン＝スミスの追加標本が得られたことを受けて、彼はシーボルトが持ち帰ったモグラや横浜で得られたアズマモグラよりも著しく大型であることに気づいた。その結果、*Mogera kobeae* を記載している。こちらは「コウベモグラ」の和名で知られる種で、現在ではこの学名は使われなくなったが、和名だけにゴードン＝スミスの足跡ともいえる地名が記念されている。ちなみに、タイプ標本は「チャレンジャー」の航海で得られたものが選ばれている。トーマスは「同じ種類だから古いものをタイプ標本にしようかな」とでも思ったのだろうか。

Mogera kobeae が使われなくなった背景には少々複雑な事情があった。日本列島を東西に分けて、東に小型のアズマモグラが、西に大型のコウベモグラが分布して、中

部地方あたりでせめぎ合いをしているという話は有名だ。一九九四年以前の哺乳類図鑑では*kobeae*は西日本に広く分布する大型のモグラを指す学名として普通に使用されていた。ところがこの頃、北海道大学の阿部永がライデン自然史博物館に所蔵されているシーボルトコレクションのモグラを調査したところ、当初関東地方で採集されたアズマモグラと考えられていたシーボルトの*Mogera wogura*は、実は西日本のモグラの形態的特徴を持つものだったことがわかったのである。

特に九州産のモグラはコウベモグラのなかでも小型の地域集団で、アズマモグラと見間違いやすい。トーマスもこれには気づかなかったのだろう。違う学名が一つの種に与えられていた場合、古い名前が有効なものとして認められるというルールがある。そこで一九九四年以降、コウベモグラの学名はシーボルトのモグラを調査したテミンクが命名した*wogura*が使用されることとなり、*kobeae*は使われなくなった。

ゴードン＝スミスが採集した哺乳類標本はすべてイギリスに送られたわけではなかった。国立科学博物館の収蔵庫には、荒俣氏もその本のなかで触れている通りの難読筆跡で書かれた彼自筆のラベルが添付された小哺乳類の標本が残されている。

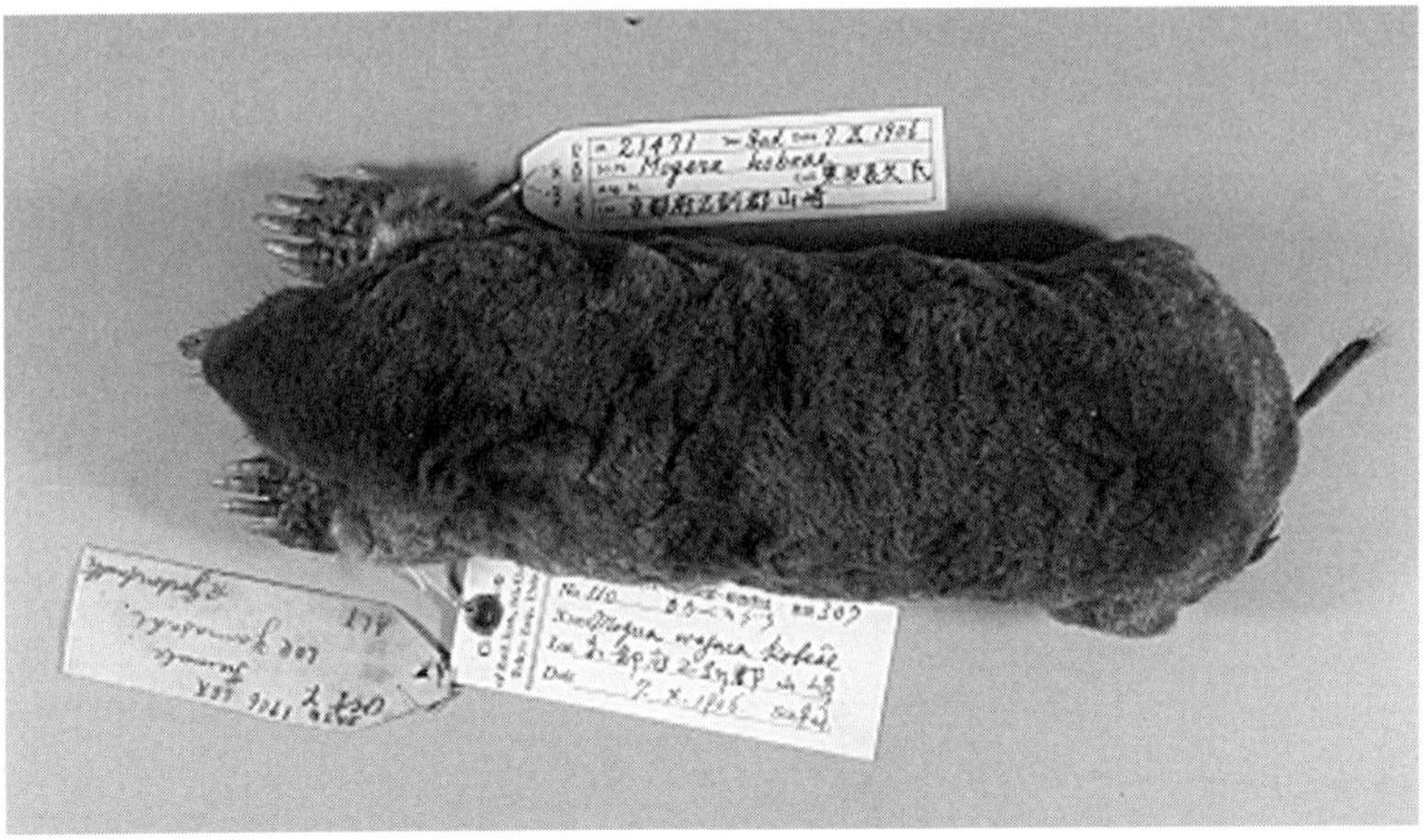

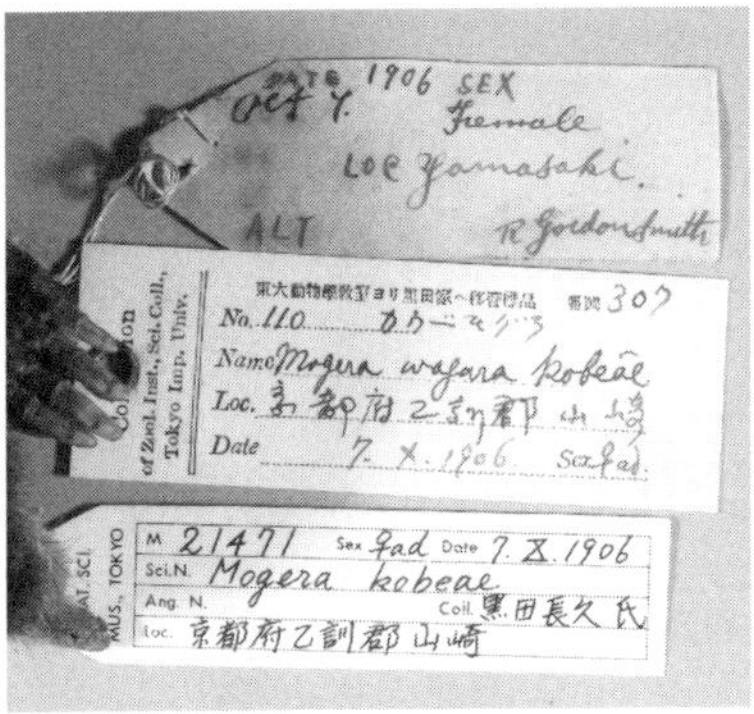

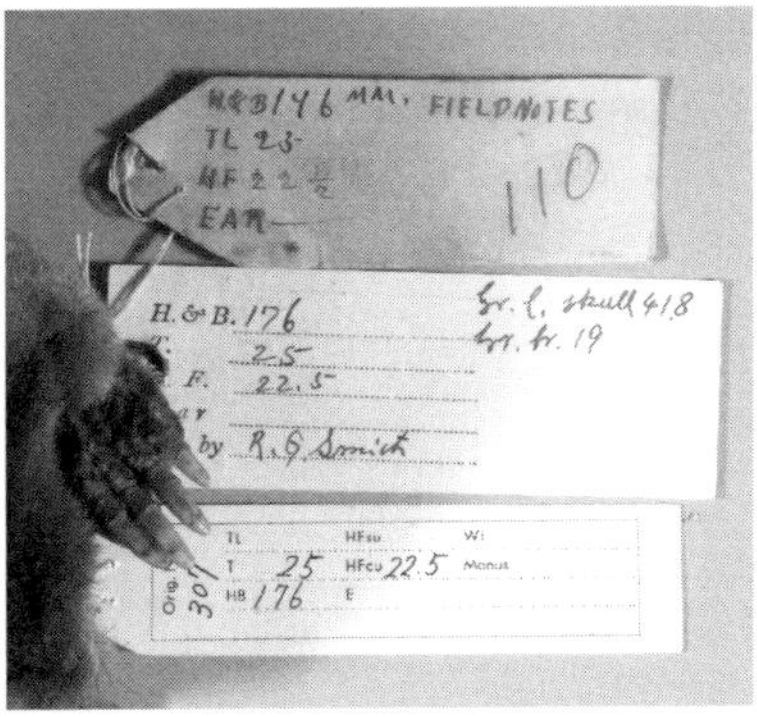

ゴードン=スミスが採集した京都府産のコウベモグラ。日本を愛した彼にとって京都はやはり印象的な場所だったに違いない。オリジナルラベルはすべて手書きのものである。

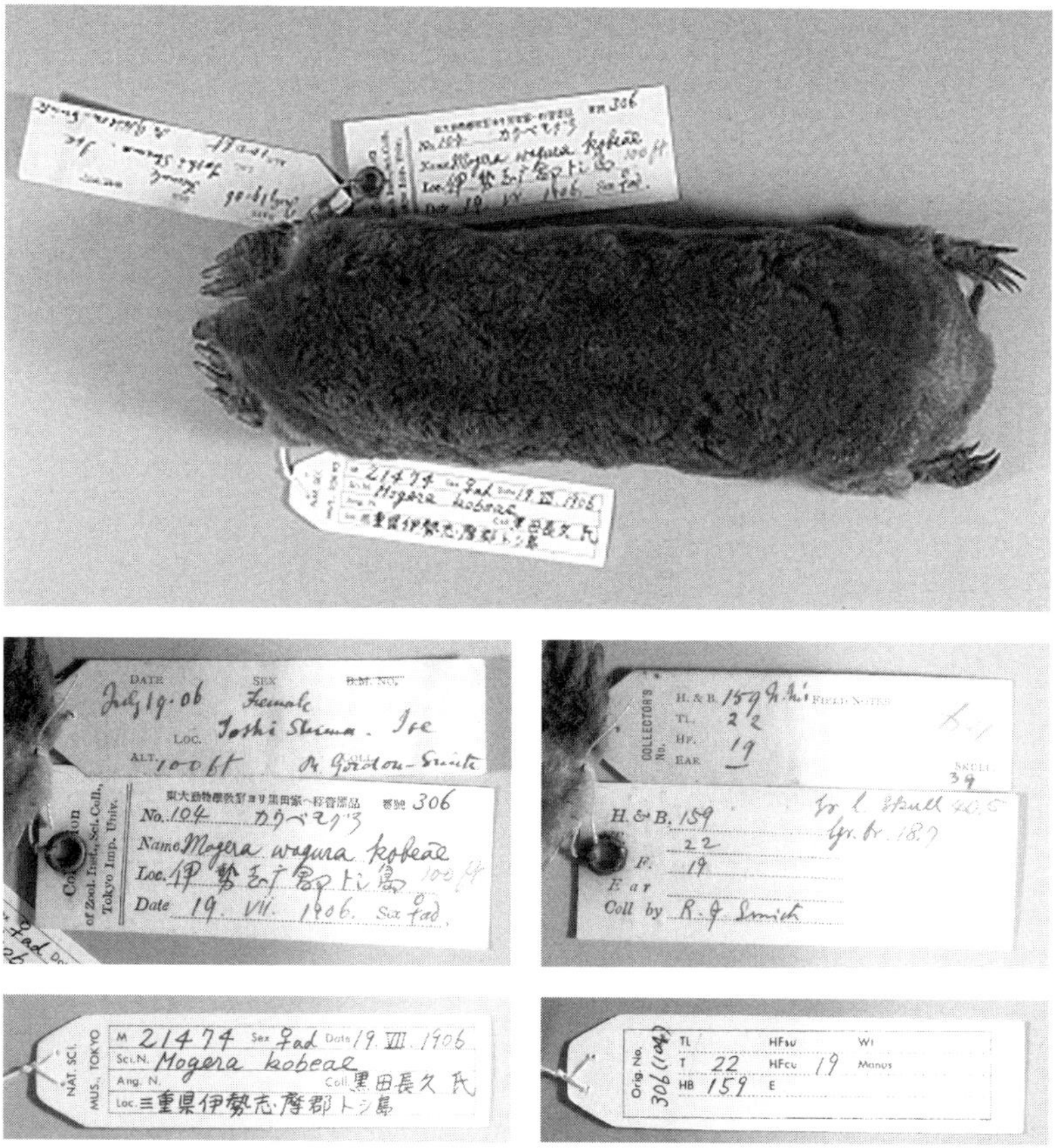

三重県の答志島にて採集されたコウベモグラ。ゴードン=スミスの日記によると、この島で海女たちと交流を深めた様子。お気に入りの場所だったらしい。

例えば前項の写真はコウベモグラの標本2点だが、ゴードン＝スミスが使用したラベルには必要項目が印字されたものと、すべて自筆のものの二種類があることがわかる。またこれらの標本には「東大動物學教室ヨリ黒田家へ移管標品」と印字されたラベルも添付されている。このことは、当初これらの標本が東京大学動物学教室にあったもので、それが黒田長禮に譲渡され、後に当館へ寄贈されたことを示している。

彼が日本に滞在した一九〇〇年前後といえば、日本の博物館で積極的な標本収集・登録といった作業が行われるようになった黎明期ともいえる時代であるから、国内の哺乳類標本としても現存する最も古い年代のものとして重要である。彼が採集を行った地点が神戸を中心として紀伊半島にまでわたっていたことも標本ラベルからわかる。

僕はオーストンが活躍した時代に同じく日本で小哺乳類の調査をしていた彼が、横浜の商人となんらかの接点を持っていたのではないかと推測した。しかし彼の日記にはオーストンの名前は出てこない。やはり神戸と横浜という離れた港町にいた人物の間には、標本収集活動においてもわずかな交流もなかったのだろうか。しかし最初の横浜滞在の際に、彼はたびたび市場で鳥獣の記録もしているので、当時横浜で博物商を営んでいたオーストンとは無関係ではなかったと想像するが、どうであろうか。

最後のニホンオオカミを知る男

今一人、同時代の日本の自然史調査に活躍した人物が、マルコム・アンダーソンである。

彼はアメリカに生まれ、スタンフォード大学で動物学を専攻した。鳥類に関する論文が出版されていることから、自身でも研究をした人物であることがわかるが、それよりも彼は標本作製技術についてかなりの訓練を積んだと思われる。現存する彼による哺乳類標本は見事な出来栄えで作製されているのである。

おそらくその技術が買われてのことだろう、彼はイギリスのベドフォード侯爵の出資による「東アジア動物学探検」の採集人として雇用された。ベドフォード侯爵こと、ハーブランド・ラッセルは動物学において造詣の深かった貴族として知られ、当時のロンドン動物協会の会長を務めた人物である。また自身の敷地内に広大な庭園を持っており、ここに海外から生きたまま送られてきた大型獣を多数飼育していた。「ダビッドのシカ」として知られるシフゾウ（70ページ参照）やヨーロッパバイソン*Bison*

マルコム・アンダーソン
Malcolm Playfair Anderson
一八七九‐一九一九
アメリカの鳥獣標本収集家。ロンドン動物学協会から東アジア動物学探検隊に選ばれ、日本をはじめ済州島や中国などで鳥獣採集を行った。

*bonasus*といった、一度野生では絶滅した動物が、現在世界中の動物園や本来の生息地で再導入されているのは、彼が絶滅寸前の頃に自宅で管理していた個体が繁殖に成功したことに負っている。

この「東アジア動物学探検」はシーボルト来日以来の膨大な日本産哺乳類コレクションをヨーロッパにもたらした調査旅行で、奈良県で最後のニホンオオカミを収集した探検といえば、「おお、そのことか」と理解される方もおられるだろう。

採集人アンダーソンは一九〇四年七月に横浜へ来日した。初めて見る東洋の国でどのようにして調査を行ったのだろうか。彼は金井清《かないきよし》、市河三喜《いちかわさんき》、折居彪二郎《おりいひょうじろう》といった日本人通訳兼助手を得て、北は北海道から南は屋久島、さらには対馬を経て当時の日本統治下にあった朝鮮半島や満州、果ては中国雲南省まで、哺乳類調査を行っている。アンダーソンが採集した哺乳類標本はやはり大英自然史博物館のトーマスが研究し、一九〇五年から一九一二年にかけて「ベドフォード東アジア動物学探検」の報告書として雑誌に掲載されているが、どのようにしてこれらの日本人助手と出会ったのかといった経緯が論文からはよく見えない。

金井清
一八八四－一九六六
長野県出身の官僚、政治家。高等学校在学中にアンダーソンの調査に随行し、鷲家口（奈良県東吉野村）で最後のニホンオオカミを収集した現場にも立ち会った。

市河三喜
一八八六－一九七〇
英語学者、随筆家。高等学校在学中、アンダーソンらとともに済州島での採集旅行に参加。日本人として初めて東京帝国大学英文科の教授を務め、日本の英語学の礎を築いた。

折居彪二郎
一八八三－一九七〇
鳥獣標本採集家。アンダーソンの助手として日本や朝鮮で鳥獣採集にあたり、以降も山階芳麿ら鳥類学者の依頼を受け、標本の採集に従事した。

江崎悌三《えさきていぞう》によるこの探検の解説では、アンダーソンは東京帝国大学の箕作に会って助手の紹介を求めたというが、箕作に思い当たる人物はいなかった。そこで仕方なく、新聞に「助手公募」の広告を出して、市河から返答を得たという。ところが市河は同行できなくなったため、友人の金井を紹介したとのことである。

注目したいのは今一人の通訳兼助手を務めた折居である。彼はオーストンの採集人としても知られる人で、後述するように、ちょうど彼がアンダーソンの朝鮮半島への採集旅行に同行した一九〇六年にオーストンに会ったという記録が彼の日記に残されている。僕はアンダーソンも横浜でオーストンと交流があったのではないかと考えている。オーストンはこの当時、箕作や飯島といった動物学教授陣と標本を通じて交流していたので、通訳もこなせる動物学に造詣の深い優秀な手伝いを得たかったアンダーソンにとっては、欠かせない窓口だったはずである。

江崎悌三
一八九九 - 一九五七
日本の昆虫学者。動物分類学者。東京帝国大学理学部動物学科卒業後、九州帝国大学に勤める。親交のあった金井の旅行日記などから、「東アジア動物学探検」について詳細に報告した。

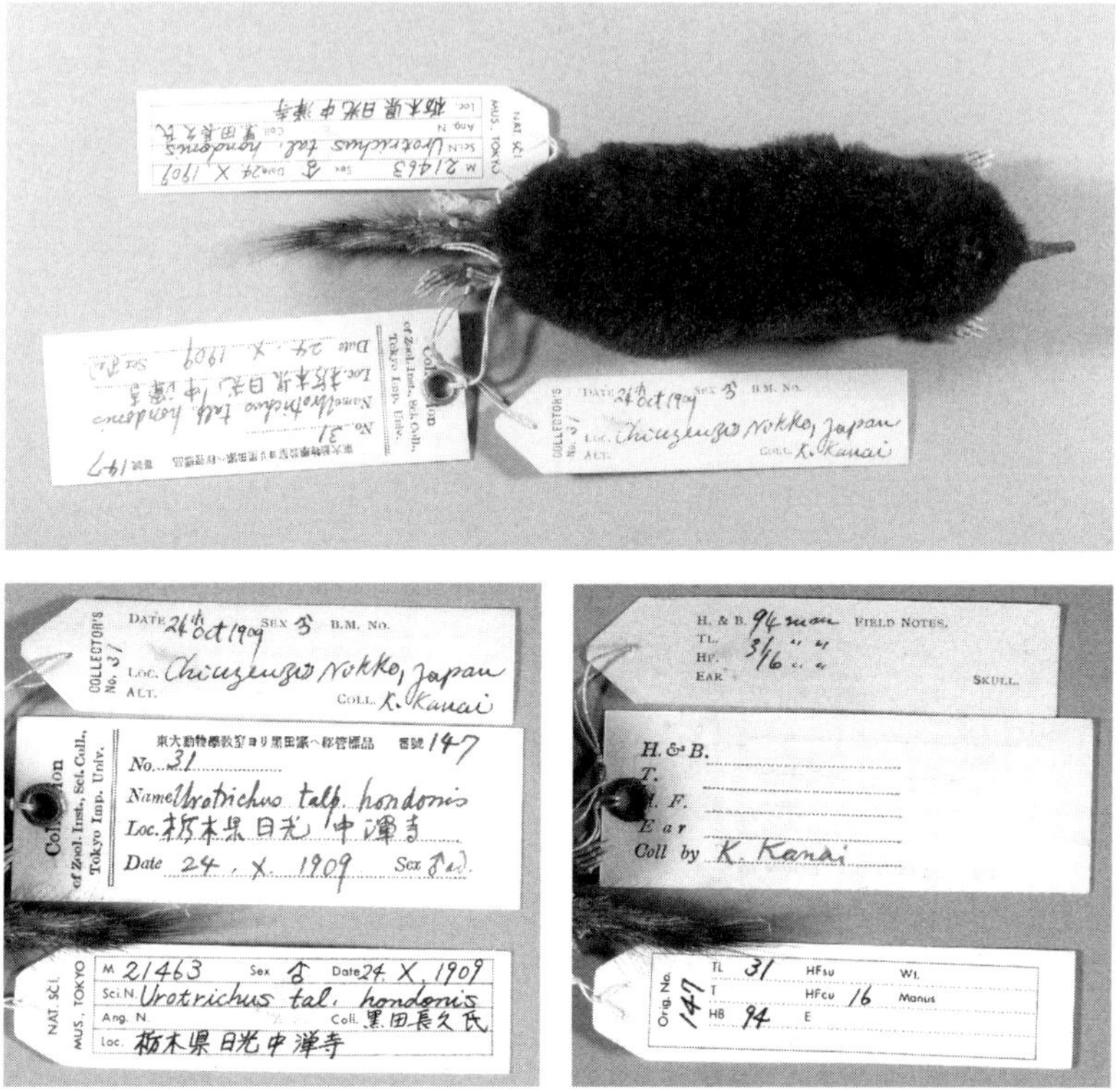

金井清が採集したヒミズの標本。国立科学博物館にはアンダーソンの標本はないが、彼に同行した助手の金井によるものが小数残されている。オリジナルラベルは大英自然史博物館で使用されているものだ。

日本人採集人

アンダーソンが雇用した3人の助手は、それぞれに著名な人物へと成長していく。ニホンオオカミの採集などに同行した金井清は長野県諏訪市長、最初に助手として名乗りを上げた市河三喜は英語学者として活躍した。そして折居彪二郎はその後、動物採集人として多くの日本人研究者を手伝うこととなる。

折居については近年研究が進められており、彼が残したフィールドでの日記などが出版されて情報が集積された。それによると、彼はアンダーソンとともに朝鮮半島で採集旅行を行ったが、貧乏旅行を好むアンダーソンの提供する食事などに納得できなかったようで、途中で暇をもらっている。その折にオーストンに手紙を書き、どこか別の調査に行かせてもらえないかと依頼した。すなわちアンダーソンに同行する以前からオーストンと雇用関係があったことを意味しているように思われ、大変興味深い。しかしオーストンとも最終的に折が合わなくなったようで、一九一〇年以降に彼が行った中国南西部から現在のベトナム北部への採集旅行を半ばにして雇用関係を解消している。異国の地で資金提供者を失った折居の窮地を救ったのは、一九二三年設立の日本哺乳動物学会創設メンバーの一人で、貿易商を営んでいた小林佳助だったと伝えられる。

このような経緯ではあるが、折居が収集した鳥類や哺乳類標本は見事なコレクションとして、現在世界中の博物館に収蔵されている。アンダーソンとの朝鮮半島旅行における哺乳類標本は大英自然史博物館に送られ、また115ページでまとめた「*owstoni*」の名を持つ哺乳類の一つ、オーストンヘミガルスは、折居がオーストンの指示でベトナム北部に出向いて採集されたものがタイプ標本となっている。そして、満州地域での鳥類標本はロスチャイルドコレクションとなったが、イギリスの鳥類研究家であるコリングッド・イングラムにより調査がなされてリスト化された。

このイングラムについては、一九〇二年と一九〇七年に来日したことがわかっている。一九〇七年の折は富士山麓裾野あたりで鳥類探索をしたのだという。学術誌『IBIS』に掲載されたこの記録によれば、オーストンの紹介で現地の採集人と通訳を

折居がオーストンの指示で〜採集されたもの
実はこの経緯についても謎は多く、オーストンヘミガルスが採集された一九一一年はすでにオーストンとの契約が解消された後である。小林の支援でその後の調査がされたというが、なぜ*owstoni*の学名を持つようになったのだろうか。

コリングッド・イングラム
Collingwood Ingram
一八八〇 - 一九八一
イギリスの鳥類研究家。後に桜研究家となり、日本の桜を広くイギリスに紹介したことで知られる。その功績から「チェリー・イングラム」と呼ばれた。

伴い、静岡の須走《すばしり》を旅したようだ。須走を去る際に卵と巣を現地の採集人にお願いしていたところ、六月十九日に得られたという連絡がオーストンにあり、オーストン自身が出向いて2つの巣を持ち帰った、と記録されている。

オーストンの採集人で須走あたりにいた人物といえば、第4章で発見された勝間田が想像されてドキッとしたが、どうやらこちらは高田昂《たかだこう》という人だったらしい。文献によれば高田は一八九九年からオーストンの採集人として富士山麓の鳥類を収集していたようだ。一九〇四年には小笠原にも調査のために派遣されるなど、活躍した人物である。後には郷里で行われるようになる野鳥の会の観察会で「声真似名人」の息子とともに参加した記録が残されているので、鳥類学において幾分著名な人だった。一九二〇年頃捕獲されたモグラの液浸標本が国立科学博物館に残されており、そのことから動物採集も継続していたことがうかがわれる。実はこのなかに当時、幻といわれたミズラモグラが1点含まれていた。これが後に今泉吉典により調査されて、105ページに書いたこの種の再発見につながるのである。なんと、このような人までがオーストンの採集人だったわけだ。

また、イングラムは日本訪問からの帰途、ウラジオストクからドイツまでシベリア鉄道の旅をしたとも伝えられる。そのときに満州を通過して、そのあたりの鳥類を調べたくなったようだ。そこで「My friend」であるオーストンに日本人採集人を送る計画を立ててほしいと依頼した。ここで採集人として雇用されたのが、アンダーソンの助手だった折居である。

なかなか複雑な人間関係が見えてきたが、どうやらオーストンはいろいろなところで、一九〇〇年代当時の外国人ナチュラリスト来訪とかかわっていたようである。

大英自然史博物館との取引歴

オーストンと大英自然史博物館の標本交流も、この頃すでにあったことがわかった。前述の通りトーマスはゴードン＝スミスから送られた標本に基づいて一九〇五年にスミスネズミを新種記載したが、この同じ論文でムササビについても複数の亜種を記載している。このうち日光産の個体の一つが一九〇〇年にオーストンから購入したものと書かれている。そのほかにもっと古い記録として、バレット・ハミルトンという学者が北海道産のユキウサギ *Lepus timidus* を新亜種として記載するのに、オーストンから購入した標本を利用したという記録も見つかった。この標本番号は「BM84.4.15.2」と記述されており、「BM」に続く「84」の記述から、一八八四年に登録されたものということがわかる。これはオーストン商会の立ち上げから五年程の話であり、かなり初期から両者の間でやり取りがあったことを示唆している。

このように、オーストンは一九〇〇年前後にはすでに大英自然史博物館へ標本を送っていた。とすると、問題のハイナンモグラの標本がこの博物館に収められた経緯は、当初考えていたような、ロスチャイルドを経由したものではなかったのかもしれない。アンダーソンが来日するまでにトーマスが記載した日本周辺の哺乳類に関する論文はそれほど多くないが、そのなかでオーストンから購入したとされる標本の記述が続々発見された。

アメリカで見つけた「Zensaku」の名

博物館に勤める研究者にとって、聖地とも呼べるような大博物館が世界にはたくさんある。大英自然史博物館やライデン自然史博物館はヨーロッパの名門博物館といえるが、もう一つの大陸である北米にも名だたる博物館が存在する。

その一つ、ワシントンD.C.にあるスミソニアン博物館群と呼ばれるエリアのなかに、古風な建物がある。そこがアメリカにおける聖地、スミソニアン国立自然史博物館である。世界で最も多くの標本を有する博物館として名高く、哺乳類標本は75万点ともいわれるので、国立科学博物館が保有する6万点の十数倍もの標本があることになる。数だけではない。その種数も見事なもので、アメリカという国の強大さを物の数で示したようなコレクションである。初学のものが「とりあえずいろんな種の標本が見られる博物館に行こう」と思い立ったとき、まずはここを訪問できれば理想的、という場所だ。

国立科学博物館が保有する6万点
もっとも、国立科学博物館も僕の活躍によってこの十年間で3万点近く標本が増加している。

僕がスミソニアン国立自然史博物館を訪問したのは二〇〇三年、ちょうど台湾のモグラについて研究を始めた頃のことだった。まだハイナンモグラのラベルのことも、オーストンのことも知らない時期だ。学生の身分だったので、安いユースホステルに宿泊し、交通機関は使わず、広いストリートを三十分ほど歩いて博物館にたどり着いた。入館料は無料である。まずは展示がどんな様子なのか、中に入って見ることにした。

コレクションが素晴らしいことは展示の様子を見れば頷けよう。哺乳類に関しては、すべての目・科の分類レベルでなんらかの種の全身交連骨格が展示されている。まるで図鑑の中に入り込んだようだ。哺乳類には法的な制約で現在では入手困難なものもあるから、今となっては同じように全部を揃えた展示を作るのは難しい。国立科学博物館には、例えばフクロモグラ目、フクロアリクイ目、ケノレステス目、ミクロビオテリウム目といった有袋類の一部のグループは収蔵標本が全くなく、ハネジネズミ目というアフリカ固有のグループに関しては最近ようやく骨格標本を入手したところである。「科」のレベルで見れば標本がない分類群は数えきれないほどであるから、そもそも比較することが無謀であろう。歴史が違う。そして自然史標本というものに対す

全身交連骨格
動物の全身の骨を正しい配置で連結して組み立てた骨格標本。

る考え方も違う。
これほどの博物館であるから、やはり世界中から標本を収集して保管している。日本の動物についても例に漏れない。ということは、こちらにももしかしたらオーストン関連の標本があるのではないだろうか。イギリスのトーマスについての調査がひと段落したところで、今度はアメリカの博物館で哺乳類などを研究した人物について調査を進めることにした。引き続き文献調査である。

この時代はアメリカの研究者も同様に、日本の生物に多大な関心を寄せていたことはすでにわかっていた。例えば前述したスタンフォード大学のジョーダンは、オーストンが採集したミツクリザメを新属新種として記載し、種小名に*owstoni*という名称を付けている。115ページでまとめた*owstoni*という学名を付けたアメリカ人研究者を調べてみれば、もっと広くオーストンの動物学への貢献を知ることができるかもしれない。

結果は予想通りだった。ジョーダンは一八九八年のミツクリザメとの出会い以降、たびたびオーストンから標本を得ていたようだ。一九〇〇年七月には来日した記録もあるので、その際にはオーストンにも会っているに違いない。

ジョーダンが記載した魚類でオーストンに捧げられた名を持つものは、ミツクリザメのほかにクリミミズアナゴ *Muraenichthys owstoni* というものが見つかった。また魚類以外では、八重山諸島に生息するヤエヤマアオガエル *Rhacophorus owstoni* があり、こちらは「Stejneger」という人物により記載されたことが、学名の後の「記載者、記載年」の記述からわかる。この人物はスミソニアン国立自然史博物館で鳥類や両生類・爬虫類を主として研究したレナード・スタイネガーで、日本産の両生類と爬虫類を積極的に研究して、この分類群の総説的な大作『Herpetology of Japan』(一九〇七)を執筆した著名な研究者である。このなかで彼が用いた標本にはオーストンから購入したものが多数記述されていた。その多くは琉球列島産の種で、一八九九年に石垣島で採集されたものだった。

一方、哺乳類に関する情報はハーバード大学の比較動物学博物館から発信されていた。オートラム・バングスは鳥類学者として著名だが、この大学でポジションを得た

レナード・スタイネガー
Leonhard Hess Stejneger
一八五一－一九四三
ノルウェー生まれの鳥類学者。両生類爬虫類学者。動物学者。三十代でアメリカ市民となり、北米北部やベーリング島、カムチャッカ島などで探査任務にあたった。

オートラム・バングス
Outram Bangs
一八六三－一九三二
アメリカの動物学者。ハーバード大学で学び、後に同大学の比較動物学博物館の哺乳類学芸員となった。

頃には哺乳類もよく研究したらしい。彼はちょうどその時期、博物館がオーストンから購入した哺乳類標本を調査して論文にまとめている。種数は多くないが、この論文で八重山諸島に固有なカグラコウモリ*Hipposideros turpis*が新種記載されているのは見逃せない。タイプ標本の記述によると、採集されたのは一八九九年五月十日で、採集者として「Ishida Zensaku」とある。

……石田善作？　ちょっと待った。

僕はハイナンモグラの採集者候補として長沼の記した「勝間田善作」の名に気を取られすぎていた。そう、勝間田は石田という姓の家に生まれ、海南島へ旅立つときにその土地の名士「勝間田」姓を名乗るようになったのだった。つまりこの「Zensaku」とは海南島に行った勝間田のことか？　そういえば勝間田は海南島へ行く前にオーストンの依頼で琉球列島でも調査を行っていた。そのときの標本がアメリカに残されていると考えれば、筋は通るのである。

しかし問題がある。長沼の伝記では勝間田が琉球列島に行ったのは一八九五年三月のこと。カグラコウモリのタイプ標本やスミソニアン国立自然史博物館にあるヤエヤマアオガエルを含む両生類・爬虫類の標本はことごとく一八九九年に採集されたものだった。この数年のずれは何を意味するのであろうか。もう少し歴史資料を収集して、検証する必要がありそうだ。

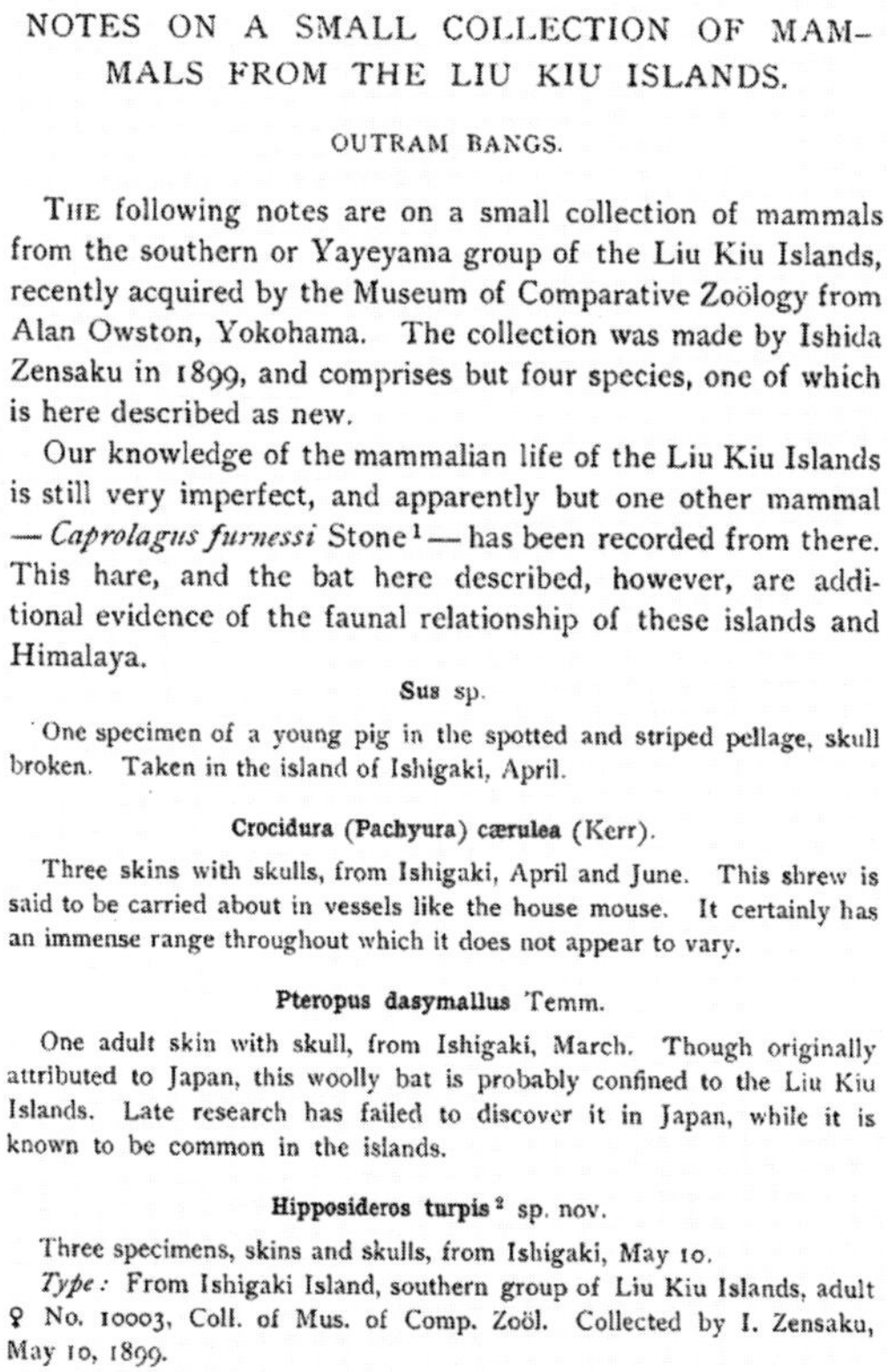

NOTES ON A SMALL COLLECTION OF MAMMALS FROM THE LIU KIU ISLANDS.

OUTRAM BANGS.

THE following notes are on a small collection of mammals from the southern or Yayeyama group of the Liu Kiu Islands, recently acquired by the Museum of Comparative Zoölogy from Alan Owston, Yokohama. The collection was made by Ishida Zensaku in 1899, and comprises but four species, one of which is here described as new.

Our knowledge of the mammalian life of the Liu Kiu Islands is still very imperfect, and apparently but one other mammal — *Caprolagus furnessi* Stone[1] — has been recorded from there. This hare, and the bat here described, however, are additional evidence of the faunal relationship of these islands and Himalaya.

Sus sp.

One specimen of a young pig in the spotted and striped pellage, skull broken. Taken in the island of Ishigaki, April.

Crocidura (Pachyura) cærulea (Kerr).

Three skins with skulls, from Ishigaki, April and June. This shrew is said to be carried about in vessels like the house mouse. It certainly has an immense range throughout which it does not appear to vary.

Pteropus dasymallus Temm.

One adult skin with skull, from Ishigaki, March. Though originally attributed to Japan, this woolly bat is probably confined to the Liu Kiu Islands. Late research has failed to discover it in Japan, while it is known to be common in the islands.

Hipposideros turpis[2] sp. nov.

Three specimens, skins and skulls, from Ishigaki, May 10.

Type: From Ishigaki Island, southern group of Liu Kiu Islands, adult ♀ No. 10003, Coll. of Mus. of Comp. Zoöl. Collected by I. Zensaku, May 10, 1899.

[1] *Proc. Acad. Nat. Sci. Phila.*, Sept. 27, 1900, pp. 460–462.
[2] *Turpis*, ugly, unsightly, — on account of the hideous faces of these bats.

561

カグラコウモリの記載が行われたBangsの論文。冒頭に「Ishida Zensaku」の名が確認できる。

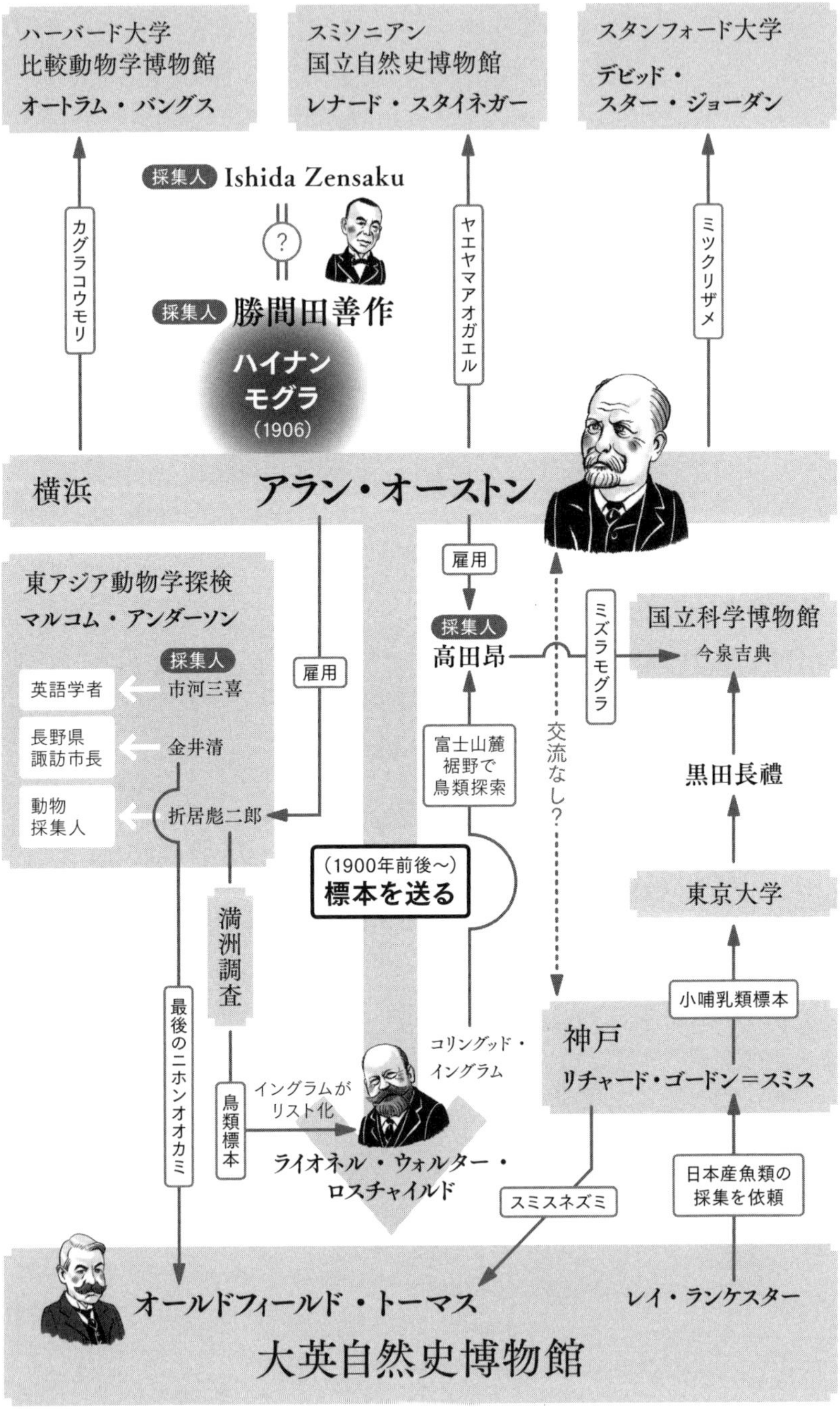
ハーバード大学
比較動物学博物館
オートラム・バングス
スミソニアン
国立自然史博物館
レナード・スタイネガー
スタンフォード大学
デビッド・
スター・ジョーダン
カグラコウモリ
採集人 Ishida Zensaku
?
採集人 勝間田善作
ハイナン
モグラ
（1906）
ヤエヤマアオガエル
ミツクリザメ
横浜
アラン・オーストン
雇用
東アジア動物学探検
マルコム・アンダーソン
採集人
英語学者
市河三喜
長野県
諏訪市長
金井清
動物
採集人
折居彪二郎
雇用
採集人
高田昂
ミズラモグラ
国立科学博物館
今泉吉典
富士山麓
裾野で
鳥類探索
交流なし？
黒田長禮
（1900年前後～）
標本を送る
満洲調査
東京大学
最後のニホンオオカミ
小哺乳類標本
神戸
リチャード・ゴードン＝スミス
コリングッド・
イングラム
イングラムが
リスト化
鳥類標本
ライオネル・ウォルター・
ロスチャイルド
スミスネズミ
日本産魚類の
採集を依頼
オールドフィールド・トーマス
レイ・ランケスター
大英自然史博物館

第6章

一〇〇年前の横浜

開港資料館にて

二〇一二年は横浜通いが多い年となった。僕の本業は博物館での標本収集や管理、そして標本を用いた教育普及活動と展示の企画である。業務に忙しいなかで、丸一日外出できる時間をつくり、ちょこちょこと遠出を繰り返していた。

僕はとんと歴史には興味がなかった性質だ。義務教育の間は時間割に「社会科」や「歴史」といった授業があったから「イイクニツクロウ」だとか「ヒトヨムナシイ」だとかいった語呂合わせで覚える歴史的事件の勃発年については多少知ってはいたが、高校に進学すればいわゆる社会科は細分された選択科目となり、生き物のことを知るのに一番役に立ちそうな「地理」を選択した僕は、そこで歴史を知る学問とはすっかり縁が切れてしまった。「日本史」や「世界史」といった分野はまるで興味がなかった科目であるから、今僕がこのような文章を執筆しているのは、全くのところ、奇跡か何かのようなものだ。

日々を標本のために捧げている僕に標本の神様がささやいた。

「川田さん、もっと歴史を勉強しな」と。

横浜という街は、それまでなじみのない場所だった。しかし、オーストンに関する調査を進めていく過程で、かつて彼が住んでいた横浜という街を歩いてみたくなった。そんな思いもあって横浜に向かったわけだが、しかし、ただ歩いて郷愁に浸っていても、一〇〇年前の様子を知ることはできない。当時の横浜にいた人物を知るには、やはりその地に残された資料を調べてみるほかない。

不思議なことに、自分の興味関心にかかわることとなれば、物事の起こった年やそこに登場する人物名が、面白いように覚えられるものである。その時代背景も知りたいと欲すれば、およその歴史的事件についても付随して覚えていくことができる。応用するというのは大切なもので、なるほど、十代の頃に歴史に興味を持てなかった理由がわかった気がした。その頃の僕の動物学への関心レベルが、まだまだだったのであろう。

当時の横浜外国人商人の活動をうかがい知ることができる資料として、科学史的な論文でよく引用されているものに、横浜外国人居留地の住所録が含まれた『Japan Directory』や『日本紳士録』といった珍しい文献がある。これらはどこの図書館にも置かれているようなものではなく、どれくらいの部数が出ているのかも僕にはよくわからない。横浜開港資料館で閲覧できると知り、まずはここを訪問して、資料の調査というやつをやってみようか、と思い立ったのが二〇一二年九月のことだった。

横浜駅からみなとみらい線に乗り、日本大通り駅で下車して海の方へ五分ほど歩いたところに、明らかに現代のものとは趣を異にしたモダンなレンガ造りの建物がある。ここが開港資料館である。かつて旧英国総領事館の建物として利用されていたもので、現在は横浜関連の歴史資料を保管するアーカイブとして利用されている。

受付で一〇〇円を支払い、まずは展示室を巡る。幕末に開港して以来、明治時代の横浜がどのように発展してきたのか、外国人居留者にはどのような偉業を遂げた人たちがいたのか、といったことがよく解説されている。およそ二十年振りに日本史を学び始めたばかりの僕には大変勉強になるが、しかし、アラン・オーストンという人物に関しては全く説明されていない。僕がオーストン調査を進めれば、いずれはこういった展示に反映されることもあるのかな、と希望を持ちつつ展示室の時間を楽しんだ。

閲覧室に入り、目的の『Japan Directory』を探す。一八六一年から始まるこの住所録は閲覧室内の書棚に整然と並べられており、特にアーカイビストにお願いしなくても自由に見てよいものらしい。

最初の5冊ほどを書棚から抜き出して、共有の広いデスクに運び、ページをめくった。僕のほかに閲覧室にいるのは3人で、古い新聞を調べる記者と思しき人、分厚い辞典のようなものをめくりながら熱心にメモを取る学生、いかにも古めかしい装丁の古文書（これはアーカイビストにお願いして書庫から出してもらったものだろう）を丁寧に閲覧する初老の男性、といったところで、皆さん静かに文献を調べていらっしゃる。学校や市町村の図書館とは全く違った光景だ。むしろ、標本庫でノギスなどを使って標本を計測するのと感覚は近いが、やはりそれとも違う趣がある。なんだか自分が動物学者ではなく、人文系の研究者にでもなったような錯覚に陥る。

外国人居留地の記録

書棚に収まっていた『Japan Directory』はしっかりとしたハードカバーの本で、実物を見てわかったのだが一九九六年に復刻製本されたものだった。第1巻は一八六一年から一八七五年までが合冊となっており、第2巻から第4巻までは二～三年分ごとにまとめられている。第5巻の一八八三年版からは年1冊ごとに製本され、当時の外国人居留地の住所と、商いをしている者であれば従業員のリストとおよその商売の内容についての詳細が記述してある。後述するようにこれは僕にとってありがたい情報である。

なお、この住所録は前年度の情報を取りまとめたものとして出版されており、例えば一八八三年版には一八八二年現在の動向が記されていると理解する必要がある。

まずは古い巻から手に取り、横浜居留地1番のジャーディン・マセソン商会から番地順に、「アラン・オーストン」の名を探してリストをたどっていった。

最初に「A. Owston」としてその名を発見したのは、一八七二年出版のものだ。横浜居留地59番の「レーン・クロフォード商会」のなかにその名を見つけた。イギリス出身のトーマス・アッシュ・レーンとニニアン・クロフォードが一八五〇年に香港に開いた貿易会社で、一八七一年版以前には横浜の居留地に記述がないので、一八七一年頃にこの地に支店を出し、オーストンが配属されたのであろう。これまでに知られている「一八七一年頃レーン・クロフォード商会の商館員として来日し」というオーストンの経歴は、この記述からなるものと思われた。

一八七七年版の『Japan Directory』まで同商会の名簿に掲載されているので、オーストンはこの会社に一八七六年まで在籍していたらしい。続く一八七八年版ではこの会社自体の名がリストから消えている。ところがオーストンの捜索は容易だった。同じ59番に新たに掲載された「E. C. Kirby & Co.」という会社に名前があったのである。オーストンがこの会社にいたことは、北海道大学図書館がインターネット公開している開拓史資料からもうかがい知ることができた。道路の舗装に使用するアスファルトに関する仕事の依頼に対して、オーストン名義で送られた返信が残されていたのだ。

そしてその翌年、オーストンの名はこの会社の名簿からも消えた。さて、どこに行ったのかと探してみると、86番に所在する「The Christian Association」と「Temperance Hall」という組織のなかに見つけた。これはオーストンがクリスチャンであった可能性を示すもので、すでに述べたように彼の父が生地の司教代理の地位にあったことを考えればうなずけるところがある。なお、この頃にShimada Reiと結婚しており、一八七九年十二月二〇日にSusie Owston（－一九七〇）が誕生したことがインターネットの情報から得られた。

さらに翌一八八〇年版を開くと、横浜居留地179番に「179 Alan Owston, Commission Merchant and General Importer」(以降、「オーストン商会」とする)という記述が見つかった。このときついに独立して商売を始めたようだ。また、この版の巻末広告欄にはオーストン商会の広告もあり、

〈ALAN OWSTON
Commission Merchant & General Importer
Special Attention paid to the Selection and Purchase
of all kinds of Japanese Wares

CONSIGNMENTS SOLICITED〉

と記されている。日本の物産なら何でも取り揃えて輸出しますよ、といった感じであろうか。

これまでにわかったことをまとめてみると、オーストンは一八七一年にレーン・クロフォード商会の一員として中国を経由して来日し、その後、下積み社員として活動しながら商売を学んだ。そして退社後、一年間の準備期間を経て独り立ちし、自身の会社経営に向けて動き出したということだろう。一八七九年のことであった。

ところで、オーストンが独立する前年に所属していたThe Christian Association について、『Japan Directory』にリストされている当時の同僚には少なからず関心がもたれる人物があるので紹介しておこう。

筆頭はWilkin, A. J. という人物である。これはアルフレッドJ.

ALAN OWSTON,
Commission Merchant & General Importer.
Special Attention paid to the Selection and Purchase
of all kinds of Japanese Wares.
CONSIGNMENTS SOLICITED.
Yokohama, January. 1880.

『Japan Directory』の巻末に収録されたオーストン商会初期の広告。

ウィルキンというオーストラリア人のことと思われる。彼は一八六四年に商売の新天地を目指して来日したというので、横浜の開港に乗じていち早く来日した商人のようだ。ともに来日したリチャードD.ロビンソンと居留地3番にロビンソン商会という貿易会社を開いた。居留地の古株ともいえる人だったため、様々な役職も兼任し、横浜キリスト教会においても活躍したらしい。数年の商館勤務を経験したオーストンは長年会社を切り盛りしていたウィルキンから会社経営に関するアドバイスをもらうこともあったのだろうか。

二番目に名があるのはBallagh, J. C.という人物で、これはBallagh, John Craig、すなわちジョン・クレイグ・バラのことであると考えられる。バラは日本のキリスト教史において有名なジェームス・ハミルトン・バラの弟である。兄ジェームスはキリスト教伝道を目的としてアメリカから来日し、その傍ら横浜英学所や横浜の豪商・高島《たかしまかえもん》嘉右衛門の開いた高島学校（別名、藍謝堂《らんしゃどう》）で英語教師としても教鞭をとった。また、「バラ塾」と呼ばれた英語塾も個人的に行っていたらしく、そちらに専念するためにアメリカから弟ジョンを呼び、高島学校の方は任せたのだという。

高島嘉右衛門
一八三二－一九一四
横浜の実業家。明治初期に横浜港の埋立事業を手がけるなどこの地の発展にかかわった。高島町に名前が残る。

高島学校（藍謝堂）
高島嘉右衛門が一八七一年に横浜伊勢山下（横浜市西区宮崎町）に開校した、日本最初の洋学校。英語、フランス語、ドイツ語の三か国語を教えた。

この高島嘉右衛門という人物については、別の文献でオーストンとの関係を匂わせるものがある。明治時代の機械貿易に関する資料として出版された『機械商秘史』（一九四〇）には、野田正一という人物が一八九七年頃オーストン商会で働いていたことを記録にとどめている。野田は高島からオーストン商会を紹介されて入社したが、不当な理由で解雇されてしまい、再び高島に相談して別の商館で職を得たのだという。バラと高島とオーストン、こういった人物同士のつながりも整理しておけば、何か面白いことがわかるかもしれない。記憶の片隅に置いておこう。

話をオーストンに戻す。

オーストン商会の歩み

『Japan Directory』の記述によれば、オーストンは会社設立当初から二年間、一人で切り盛りしていたものと思われる。一八八一年には社名をOwston & Snow Co.

（オーストン・スノー商会）として登録し、共同経営者にヘンリー・ジェームズ・スノーとImamura Genzoという日本人と思われる人物の計3名が記されている。さらにその翌年にはA. J. M. Smithという謎の外国人ともう一人の日本人Osa Masamichiが加わり、5名が名簿に記されるようになる。

オーストンの共同経営者、ヘンリー・ジェームズ・スノーは、幕末の頃にイギリスから日本に来た人で、当初は鉄道関係の職を持っていたらしい。その後、アメリカから来日したラッコ猟の船員と知り合うことになる。この頃、北米沿岸では毛皮を目的としたラッコ猟が盛んに行われていて、生息数が激減していた。一方で太平洋の逆岸である北海道から千島列島にはまだ豊富なラッコ資源が残されていたので、これを狙っていたアメリカ人の話を聞いたスノーは、一攫千金を目論んで船を用意し、何度も千島列島へと毛皮を求めた猟に出る。ラッコだけでなくアザラシ類などについてもかなり無謀な乱獲を行ったことで知られる人物である。

彼は毛皮類を販売する手段としてオーストンと手を組んだのであろうか。オーストン・スノー商会時代にどのような役割分担があったのかは不明だが、その後に北海道

ヘンリー・ジェームズ・スノー
Henry James Snow
一八四八－没年不詳
イギリス人探検家。北海道に拠点を置き、十年にわたって千島列島で測量などを行う傍ら、ラッコなどの密猟を行ったといわれる。

沿岸でスノーが捕獲したニホンアシカ*Zalophus japonicus*の剥製と骨格が、オーストンによって大英自然史博物館に送られていることが判明している。この剥製標本は二〇一七年に国立科学博物館で行われた大英自然史博物館展において、僕が目玉展示物の一つとして里帰りさせたので、ご覧になられた方もいるかもしれない。ニホンアシカはすでに絶滅した哺乳類だが、この標本が現存するのはオーストンのおかげともいえるのだ。

オーストン商会で働いた日本人については、調査された資料がほとんど皆無に等しい。そこでもう一つ、本章の冒頭に挙げた『日本紳士録』の出番である。これは当時の高額納税者をリストしたもので、年間三円以上の税金を納めた人物が「紳士」と称されて採録されている。この時代、税金を払うことは地元の名士として認められた証で、大変名誉なことだったのだ。

『日本紳士録』を開くと、「東京」や「横浜」といった都市ごとに高額納税者がまとめられており、著名な人物が多々見受けられた。当時の商館についての業務内容や従業員をまとめた項目もあり、オーストン商会のことを詳しく調べるにはもってこいだ。

毎年発行されたものではないので経年変化を見る資料としては『Japan Directory』の方が優れているが、こちらには日本語で氏名が記されており、同様に貴重な文献といえるだろう。例えば一八九六年発行の『日本紳士録 第三版』を見ると次のような記述がある。

「百七拾九番館　Owston ヲーストン　舘主　Alan Owston. アレン、ヲーストン　番頭　長政道　横濱市尾上町三丁目三十三番地　博物掛　飯塚修　輸入掛　山本普津　横浜市老松町一丁目十八番地　業務　輸入　金物、機械、船具　輸出　麥藁眞田、鈕、手巾、博物品、動物、海植物」

商社として初めて登場するのはこの版が最初だが、一八八九年発行の第一版と一八九一年発行の第二版には『Japan Directory』にあった「Imamura Genzo」に該当する今村源造の名が納税者として次のように挙げられていた。

「今村源造　商館通勤　横濱區本町五丁目七十」

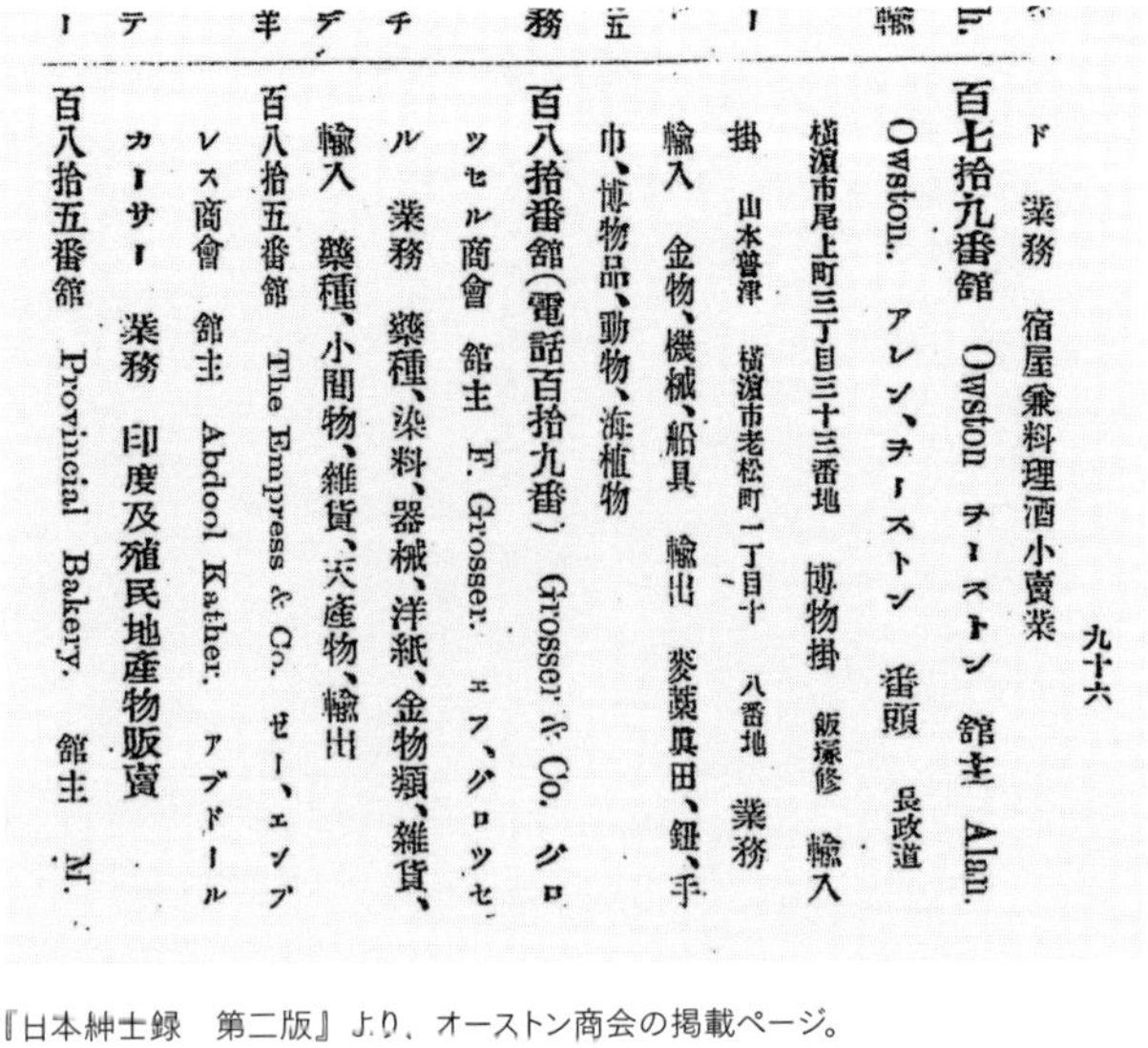
九十六
ド　業務　宿屋兼料理酒小賣業
百七拾九番館　Owston　チーストン　舘主　Alan.
Owston.　アレン、チーストン　番頭　長政道
横濱市尾上町三丁目三十三番地　博物掛　飯塚修　輸入
掛　山本普津　横濱市老松町一丁目十八番地　業務
輸入　金物、機械、船具　輸出　麥藁眞田、鈕、手
巾、博物品、動物、海植物
百八拾番舘（電話百拾九番）　Grosser & Co.　グロ
ッセル商會　舘主　F. Grosser.　エフ、グロッセ
ル　業務　藥種、染料、器械、洋紙、金物類、雜貨、
輸入　藥種、小間物、雜貨、天産物、輸出
百八拾五番舘　The Empress & Co.　ゼー、エンプ
レス商會　舘主　Abdool Kather.　アブドール
カーサー　業務　印度及殖民地産物販賣
百八拾五番舘　Provincial Bakery.　舘主　M.

『日本紳士録　第二版』より、オーストン商会の掲載ページ。

（第二版では「横濱區」が「横濱市」となっている）

このように、初期のオーストン商会で働いた2名の日本人は、当時の横濱区本町五丁目七十の今村源造と横濱市尾上町三丁目三十三番地の長政道であることがわかった。その後は、一八八五年にスノーの名が消えて再び社名を「オーストン商会」に戻しているいることや、数名の外国人が入れ替わり加入している点はあるが、2名の日本人とともに一八九一年まで歩んでいくこととなる。そしてこの年、最も古い日本人番頭だった今村はオーストン商会を離れたらしい。リストに名前があるのはオーストンと長政道の2人だけである。今村がその後どうなったのかは全くわからない。

なお一八八七年にはアランの兄フランシスがイギリスから来日し、兄弟で一八九一年まで共同経営者として名を連ねている点も興味深い。もしかしたら今村はフランシスとともにオーストン商会を離れて、新しい事業に移行していったのではないかという推測も成り立つ。なぜならフランシスはこの後やはり独立し、居留地50番で「F. Owston & Co.」という個人企業を経営するようになるのである。そして弟アランの死後も横浜で会社経営をしていたことが記録に残されている。

その後、一八九三年あたりから、オーストン商会は急成長したようだ。この年の使用人の数は長を含む5名、さらに一八九四年には7名となり、一八九五年の12名をもってピークに達する。

この頃のオーストン商会には一体何が起こっていたのだろうか。使用人の数が増えれば、支出する給料も増加するはずである。これだけの人員を雇用できるほどに会社が大きくなっていたということなのだろう。ちなみに、一八九七年の納税者をまとめた『日本紳士録 第四版』には、オーストン商会から長聖道（納税額四・三円）と山本普津（同六・六円）の2名が記載されている。彼らは相当額の給料をもらっていたに違いない。この時代はオーストン商会にとって一番儲かっていた時期ということになるのであろう。

この絶頂期に差しかかる年、オーストンはKame Miyahara（一八七五–一九二三）と再婚し、たくさんの子宝に恵まれた。その詳細もインターネットの情報から得ることができた。

May Owston (3 Dec 1893 - 2 Nov 1986)

Minnie Owston (30 Aug 1896 - 19 Dec 1983)
Harriet Owston (27 Jul 1900 - 24 Aug 1939)
Francis Alan Owston (6 May 1904 - 13 Jan 1994)
Alan Merry Owston (5 Feb 1907 - 9 Jan 1937)
Jonathon Merry Owston (17 Oct 1911 - 6 Sep 1979)
Dorothy Amaryllis Owston (17 Oct 1911 - 24 Sep 1997)
Infant Son Owston (5 Nov 1913 - 9 Nov 1913)

オーストンを支えた日本人

社員リストからは、社内での人間関係がうかがえるような情報も得られる。『Japan Directory』では件の番頭である長が一八九六年まで使用人の筆頭として記録されているが、その翌年には一八九五年から在籍が記録されている「F. Yamamoto」

という人物に番頭の座を奪われている。

この人物が、『日本紳士録 第四版』に氏名が掲載されていた「山本普津」であることがわかった。これまた謎が多い人で、第五版の紳士録では「山本フリツ」とカタカナ書きの名に変更されている。さらにこの時期、もう一人「C. Yamamoto」という人物も職員リストに入っており、どうやらこちらは「山本コル子ルス」(「子」は旧字の「ネ」を意味するものだろう)という名のようだ。「フリツ」と「コル子ルス」は住所が同じであり、兄弟か、もしくは親子ではなかろうか。それにしてもこの名前はどう見てもドイツ系のものである。もしかしたら外国人と日本人のハーフなのではないかと考えているが、これ以上の情報はない。

山本フリツは一八九八年までの二年間、番頭として在籍し、その後オーストン商会を去った。また、その後に番頭を引き継いだコル子ルスも二年後にオーストン商会を去っている。その後は「S. Cho」という人物が番頭となっているのだが、この人は「長聖道」という氏名で、後に前述の長政道と同一人物であることが判明する。つまり長政道が名を変えて番頭の座に返り咲いたということになる。

僕はこの時代のオーストン商会では、業務を取り仕切る番頭の座を巡って熾烈な戦いがあったのではないかと考えている。またこれは、キリスト教信仰と関係があったのではなかったか。

オーストンの父フランシスは地区の司教代理の職にあり、クリスチャンだったと思われる。一八七八年にオーストンがThe Christian Associationに所属していたこともわかっているので、彼自身もキリスト教信者だったに違いない。実はオーストンの娘がカナダのバンクーバーで「聖公会」にいたという資料もある。オーストン家は敬虔《けいけん》なクリスチャンだった可能性が高い。

オーストンにとって、会社を任せられるのはどんな人物だっただろうか。もちろん日英両国語に堪能であることは、外国商館の番頭として欠かせない能力である。プラスアルファとして、「信仰」があったのではないか。2人の山本がドイツ系外国人の系統だとしたら、彼らもクリスチャンだった可能性がある。長政道は当初番頭を任せられるも数年後にその座を山本に奪われてしまう。それは山本が同じ信仰を持つ人物だったからではなかろうか。そしてこれを奪回するために長は名を「聖なる道」と変えて、キリスト教に入信した、というのが僕の推測である。

長が後に敬虔なキリスト教信者だったことは、彼が一九〇五年に中国西安《シーアン》へ調査旅行に行った際に『動物学雑誌』へ送った通信においても明らかである。長はこの調査中、雇用した中国人による銃の誤発砲で手に大けがをする。病院に運び込まれて一命をとりとめるが、その際の描写として、「キリストの愛我れを励まし同情の厚きを感謝せり」という記述があるのだ。あながち飛躍した推測でもないように思える。

長は番頭に返り咲いてから一九一〇年に亡くなるまで、日本人従業員の筆頭としてオーストンの仕事をサポートし続けた。また、ほかの職員と違って学会での活動も盛んだったようで、『動物学雑誌』によると前述の海外調査の報告を学会に書き送るような行動を見せているほか、調査の直前一九〇四年十一月に東京動物学会に入会していることも記録に残っている。また、「大日本水産会」の学会員としても名が見つかった。転居した際にも逐次学会に届け出ており、学会誌の会員の動静欄にその名が確認できる。

一九一〇年に死去したという情報も『動物学雑誌』に掲載

●一月入會
横濱市山下町百七十九番地オーストン社　長　聖道

●轉居者
東京市日本橋區檜物町十八番地　長　聖道

された訃報から判明した。一九〇五年の西安調査で負ったけがはそれ以降の業務に支障をきたすものだったのだろうか、翌年に東京市日本橋区檜物町十八番地へ、さらに一九〇九年には東京市芝区田町六丁目十へと転居して、その翌年に亡くなった。家族などにかかわる情報は全くないが、『Japan Directory』にはオーストン商会の従業員として一八九三年に「Cho Otome」が、また一八九九年からオーストンが死去する一九一五年まで「H. Cho」がリストされており、長との関係をうかがわせる。

長は横浜での業務のほかに、二回にわたる大規模な採集旅行を行っている。その一つが前述した中国西安への調査行で、もう一つはその前年にあたる一九〇四年に行われた琉球列島の調査行である。いくつかの文献にその様子を知ることができる。

●轉居

北海道札幌東北大學動物學報告　佐々木望
石川縣金澤市川岸町八　岡眞三
東京市四谷區永住町二　竹村仲次郎
東京市本郷區西片町十にノ二八秋山方　小原三郎
東京市芝區田町六丁目十　長聖道

動物學雜誌第二百五十九號

●轉居

奈良女子高等師範學校　桑野久任
東京市小石川區原町七十八番地淸水方　大地原誠玄
東京市小石川區原町百二十九廣田方　小島美伴次
東京市本郷區吉祥寺町二十番地　田中茂穗

會員長聖道氏逝去の報に接す本會は謹で哀悼の意を表す

『動物学雑誌』にたびたび掲載された長聖道の記録。

明治後期に東京帝国大学医科大学に所属した小川三紀は鳥類学にも造詣が深く、オーストンから提供された琉球の鳥類に関する調査を行い、『日本動物學彙報』という学術雑誌に論文としてまとめている。そこには、オーストンの採集人「M. Osa」と「R. Osada」が一九〇四年五月から十二月に琉球列島を旅して得たコレクションであることが記載されている。また、『動物学雑誌』にはこの研究の一部が和文で掲載されており、二人の名が長聖道と長田靈瑞であることがしっかりと記されている。

この採集旅行が成功を収めたことを物語るものに、長の名を冠したハシブトガラスの新亜種、オサハシブトガラス *Corvus macrorhynchos osai* の記載が行われたことが一つあるが、もっと重要なものでは、それまで産地が「日本」としてのみ知られていた謎の鳥、ルリカケス *Garrulus lidthi* が再発見されたことが挙げられるだろう。

世界でも奄美諸島だけに分布するこの美麗な鳥は、一八五〇年にフランスの鳥類学者ボナパルトによって記載された。その記載文を読むと、彼が閲覧した標本は、オランダ東インド会社でバタビアの提督として赴任していたファン・デル・カペレンのコレクションに含まれていた。しかし標本の来歴は記されていなかったため、記載論文では「中国かインドシナのどこか」と推測されている。これは後に日本のどこかで得られたものということが判明していくのであるが、それ以上の情報はなかったのである。長が奄美大島で収集したコレクションには、オーストンの目を引くほどに美しいルリカケスがいくつか含まれていた。それが東京帝国大学の飯島の元に知らされて、この鳥の産地が奄美大島であることが明らかになったのである。カペレンはかのシーボルトを日本へ送り込んだ立役者である。果たしてボナパルトのルリカケスはシーボルトがカペレンにプレゼントしたものだったかどうか、それはよくわからない。

長が琉球調査で得た標本には哺乳類のコレクションも含まれ、これについてもオーストンは飯島に提供していた。後に人類学者となる石田収蔵《いしだしゅうぞう》が学生時代にこの標本を調べた論文が『動物学雑誌』にあり、これを読むと、指導教官である飯島からこのコレクションの調査を勧められるも、自身は哺乳類にはそれほど興味を引かれなかった様子が伝わってきて面白い。「こんなの自分に調べ

長聖道らの調査によって再発見されたルリカケス。白黒写真だと地味な鳥で残念。

られるわけがない」といった調子で文章が進められ、各哺乳類について種の同定と解説がなされている。その最後にネズミ類の記述があるのだが、これも簡素なもので、だがしかし尾の半分が白色をした大型のネズミについては詳しく述べられている。ところが石田はこの種が如何なるものであるか（新種だったのだが）判断することもできず、コレクションは大英自然史博物館へ送られた。これがトーマスにより詳細に調査されて、現在我々が知るケナガネズミ *Lenothrix legata*（現在の属名は *Diplothrix*）として一九〇六年に記載されるのである。

このように、長はオーストン商会のなかでも珍しく、学術の表舞台にしばしば登場する人物だった。一九一〇年五月十五日発行の『動物学雑誌』では、「會報」記事として「會員長聖道氏逝去の報に接す本會は謹で哀悼の意を表す」とあり、商社勤務の一民間人としては異例の扱いを受けているように見受けられる（187ページ参照）。オーストンの部下としては特殊な存在である。

ところで、オーストン商会で働いたこれらの日本人は、どのようにしてオーストンと知り合ったのだろうか。ここまでに挙げた人物をつなぎ合わせていくと、興味深い仮説が生まれる。

まず前提として、外国商館で働く日本人には相当な英語力が必要とされたに違いない。そこで今一度登場してもらいたいのが、オーストン商会を解雇された野田正一という人物である。彼をオーストンに紹介した高島嘉右衛門は横浜区尾上町五丁目八一に住居を持っていたことが『日本紳士録』からわかっているが、この住所はオーストンの長年の番頭であった長聖道の住所と近隣の区画であり、彼らの間には近所づき合いがあったと考えても無理がないのである。高島は学校教育にも熱心で、彼が明治四年十二月に設立した高島学校は貿易が盛んな横浜において、在日外国人が開いた生徒少数の私塾とは異なり、数百人規模の生徒を想定した洋風二階建ての本格的な洋学校だった。その目標とした人材は官僚、軍人、技術者、及び外国貿易を推進しうる外国語能力に長けた商人だったという。そしてオーストン周辺に見え隠れするキリスト教の影。高島は高島学校にオーストンのThe Christian Association時代の同僚バラを教師として招いた。高島学校は一八七三年に横浜市へ寄付され、同じくこの時代の洋学校で宣教師S.R.ブラウンが教師を務めていた修文館を合併して「横浜市学校」となり、さらにヘボン塾と合流して、現在の明治学院大学へと発展していく。合併後は高島は教育活動からは手を引いたとされているが、高島の息のかかった英語学校で十分な英会話能力を身に着けた人物が、高島の斡旋によってオーストン商会に入社したのではないだろうか。

だが、これらの人物のかかわり合いについてはまだまだ研究の余地があり、本書でこれ以上明らかにされることはない。

オーストン商会の名簿

『Japan Directory』には、合計44人がオーストンの部下として記録されている。長は断片的とはいえ、このなかでも最も素性が判明した人物だ。

そのほかの人物はどうだろう。これはこの後に行う大英自然史博物館での資料調査でいくらか判明してくるわけであるが、その数名を列挙しておこう。

●H. J. Snow……一八八一年から一八八四年にかけてオーストンの共同経営者として名を連ねる人物。彼についてはすでに述べた通りであるが、『Japan Directory』の記録によると、もともと鉄道関係の会社に勤めていた。その後とあるアメリカ人船乗りから、北海道千島列島のラッコ資源の話を聞き、船を購入してラッコやオットセイの乱獲を行った。この話は、彼の著による『千島列島黎明記』に詳しい。

●Cho Otome……「長」姓を持ち、名前の響きから女性と思われる。長聖道の妻か、あるいは姉か妹か。

●H. Cho……「長」姓を持ちながら詳細がわからずに長らく謎だった人物。ところが、『日本紳士録 第七版』（一九〇一）のオーストン商会の名簿にあった「書記長 英龍」の記述（初見では「英龍」という名の中国人かと思っていた）が、あるとき「書記」の「長 英龍」とも読めることに気づき、この人物とつながった。この名を、例えば「ちょう ひでたつ」と読めばイニシャルが一致する。一八九九年（長聖道

『千島列島黎明記』
H．J．スノー 著／馬場脩、大久保義昭 訳／講談社／一九八〇年刊
原題：In Forbidden Seas (1910)

入社から十八年後）からオーストン商会にいるので、息子と考えることもできる。

● Furusawa GenjiとOkazaki Riuichi ……一八九四年にグアムやカロリン諸島へ鳥類採集の調査に送られた採集人。この調査もロスチャイルドからの依頼であったことが、後の調べでわかった。長期間の調査行となり、一八九六年にFurusawaは客死。Okazakiはその後も調査を継続する。

● Tanabe Kitaro ……一八九六年に台湾へ調査に送られた採集人。この前年、日清戦争が終結して台湾が日本の領土となっている。領土拡大のこの期を逃さず、いち早く調査に向かわせたということだろう。しかしこの調査ではあまりよい成果は得られなかったようだ。台湾の山岳民族との軋轢《あつれき》で危険な調査となったらしい。

● K. Nagayo ……長與鼎は一九〇一年から一九〇九年まで在籍。『Japan Directory』ではなぜか彼だけ氏名の後に「(Naturalist)」として肩書が掲載されている。それほど自然史部門に貢献する人物だったのだろうか。おそらく長聖道が中国西安調査でけがをした後に、オーストンから頼りにされていたのではなかろうか。東京帝国大学の魚類学者である田中茂穂とオーストン商会のやり取りでは、彼が書き送った手紙が残っており、水産物について熱心に標本収集したようだ。オーストン商会退社後は神田で標本商「長與標本店」を開き、主として日本の鳥類学をサポートした人物として知られる。

●**H. Sauter**……ハンス・ザウターは一九〇四年頃に来日して一時オーストン商会に在籍したらしい。その後オーストンから解雇され、台湾に移り住んで昆虫商として活躍する。台湾内地の埔里《プーリー》（Puli）を昆虫採集のメッカとして紹介した。

●**W. A. Morris**……オーストンは発動機漁船の普及に努めた実績もある。一九〇六年にイギリスから招聘した人物だったらしい。

以上に加えて、オーストンは一八九六年からオーストン商会と同番地に「Yokohama Menagerie Co.」という会社も併設している。この共同経営者として記録される「T.

M. Laffin」、つまりトーマス・メルビル・ラフィンというイギリス人は一八八五年から横浜に居住した記録が『Japan Directory』に残っている。また彼はオーストンのヨット友達だったらしく、大会では二人が競り合うこともあったようだ。この会社は一八九九年まで『Japan Directory』に記述があり、その後ラフィンは一人で清涼飲料水を製造する会社を興した。当時ラフィン炭酸と呼ばれて有名だったとの記述が『日本ヨット史』にも見える。

ところが勝間田善作については、『Japan Directory』にも『日本紳士録』にもその名が全く見つからなかった。彼は未開の海南島でオーストン商会の事業推進のためにかなりの大役を担っていたと思われるのだが、オーストンにとっては多く抱えていた「採集人」の一人にすぎなかったのか。

このあたりはタイムマシンにでも乗って当時のオーストンに会ってみなければわからないことだ。この話を進めるにはドラえもんが登場する二十二世紀までお預けか、と諦めるのはまだ早い。オーストンから間接的に話を聞いてみるよい方法がなきにしもあらず、なのである。
それは、彼がイギリスに送った手紙を調査することだった。

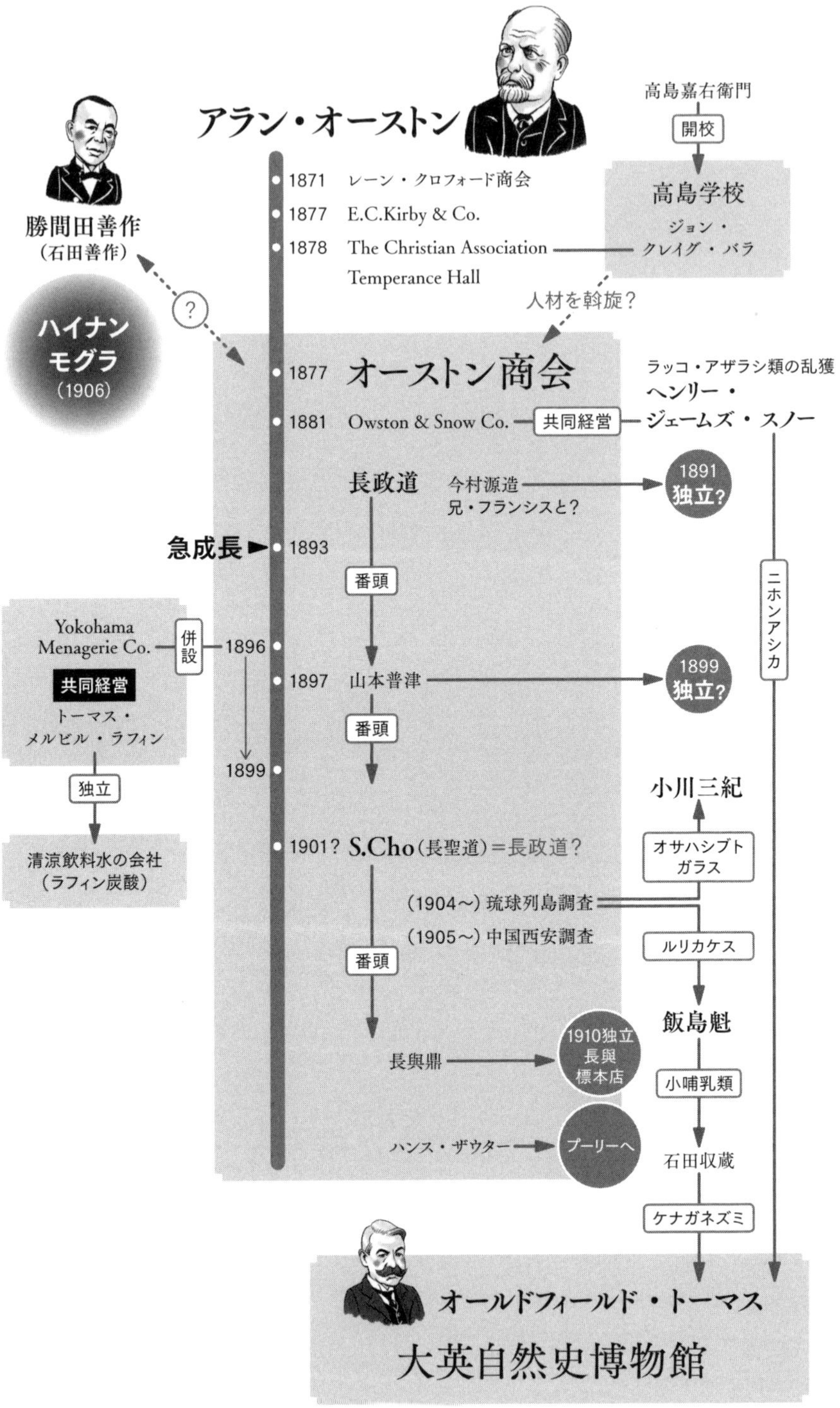

アラン・オーストン
1871 レーン・クロフォード商会
1877 E.C.Kirby & Co.
1878 The Christian Association Temperance Hall
高島嘉右衛門
開校
高島学校
ジョン・クレイグ・バラ
人材を斡旋？
勝間田善作
（石田善作）
?
ハイナンモグラ
（1906）
1877 オーストン商会
ラッコ・アザラシ類の乱獲
ヘンリー・ジェームズ・スノー
1881 Owston & Snow Co.
共同経営
長政道
今村源造
兄・フランシスと？
1891
独立？
急成長
1893
番頭
ニホンアシカ
Yokohama Menagerie Co.
併設
1896
共同経営
トーマス・メルビル・ラフィン
1897 山本普津
1899
独立？
番頭
1899
独立
清涼飲料水の会社
（ラフィン炭酸）
小川三紀
1901？ S.Cho（長聖道）＝長政道？
オサハシブトガラス
（1904～）琉球列島調査
（1905～）中国西安調査
ルリカケス
番頭
飯島魁
長與鼎
1910独立
長與標本店
小哺乳類
ハンス・ザウター
プーリーへ
石田収蔵
ケナガネズミ
オールドフィールド・トーマス
大英自然史博物館

第7章

オーストンを追って、一〇〇年の時を超える旅へ

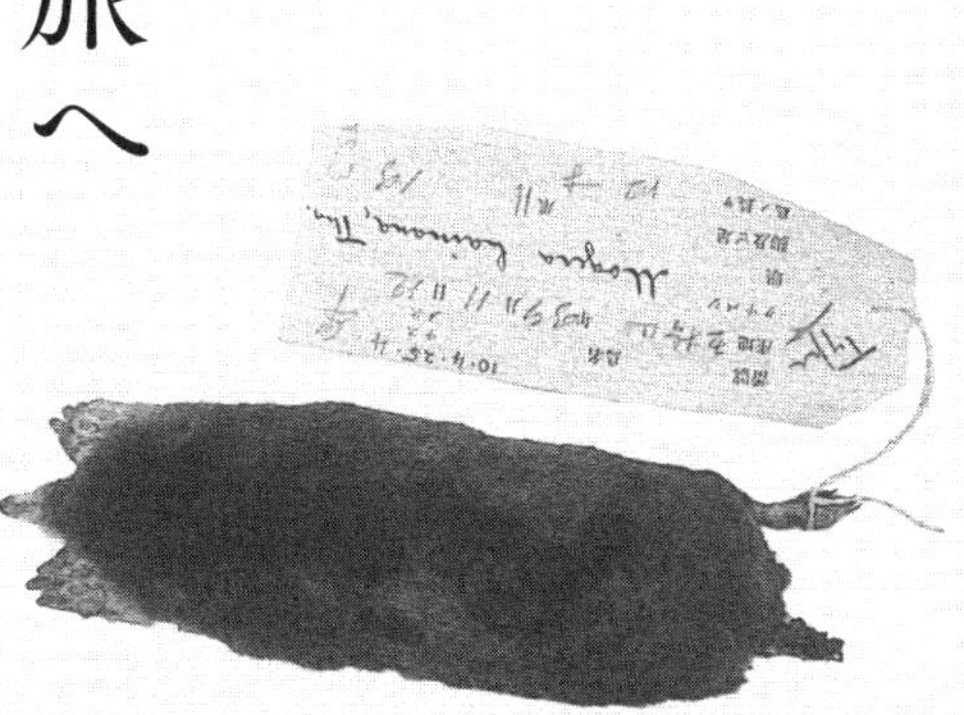

二度目のイギリス訪問

既存の論文や書籍の情報を取りまとめるという作業はなかなか大変なものであるが、これをもってオーストンの人物像が、以前よりもはっきりとした輪郭を伴ってきたことに満足している。

しかし、まだまだ未解決なことはある。オーストンが雇用した日本人従業員のうち、数名に関しては詳しい解説が出されているが、ほとんどの場合で全く不明なままである。そしてオーストンが国外の研究者とどのようなやり取りをしていたのかについても不明な部分が多い。

彼と研究者の接点は、送られた動物が論文中で報告・記載される際に、簡単に謝辞として述べられるにすぎない。例えばこんな感じだ。

〈The following paper is based on a larger collection of ants made by Mr. Hans Sauter, mainly at Okayama, Kanagawa, and Yamanaka during the summer of 1904 and the spring of 1905 and sent me by Mr. Alan Owston of Yokohama, ...〉

これはオーストンの名が種小名として冠されているハヤシナガアリ*Stenamma owstoni*を記載したウィーラーによる論文「日本のアリ」の冒頭である。こういった記述を見つけると宝探しの甲斐もあったもの、ちょっと嬉しくて踊りだしたくなるようなものだ。この文章は、一九〇四年夏から一九〇五年春にかけてザウターが岡山や神奈川で採集したものをオーストンが送ってくれたという記述で、標本の出所が明確に記されているわけである。

なおザウターは後に台湾の埔里に移り住んで、この地で昆虫の標本商として働いた人物であることが江崎悌三により記されている。しかし彼が日本にいたという事実はあまり知られていないのではないだろうか。僕は以前、『Japan Directory』でオーストン商会の名簿を調べたときに、一九〇四年にのみ「H. Santer」なる人物が在籍していたことを知り、一体この人物は何者だろうかと疑問に思っていた。後に、江崎の記述にあるザウターのことではないかと気づいて開港資料館を再訪し見直したところ、かすれた印字から「u」を「n」と読み違えていたことがわかり、この謎が氷解したわけである。この頃に、ザウターは間違いなくオーストン商会の一員として日本にいて、後に台湾で彼独自の商売を見出していくのである。

ただし、これだけではこの研究者とオーストンがどのような経緯で出会い、標本交流が芽生えたのかがよくわからない。ハヤシナガアリの記載者であるウィーラーは論文を書く際、ザウターの情報を標本の送り主であるオーストンの手紙から引用したに違いない。人物を深く知るために、このあたりの資料をもう少し掘り下げて情報を収集する必要があると思っていた。

欧米の博物館が標本コレクションにおいていかに優れているかということはすでに述べたが、実はそれだけではない。これらの博物館の多くには標本を管理する研究部門とは別に「アーカイブ部門」が設けられている場合が多く、図書などの研究資料のほか、標本が購入されたり寄贈された際に交わされた手紙などの事細かな資料、すなわち標本を一次資料とした場合にそれに付随する二次資料と呼ばれるものまで整理・管理されている。次に僕が目を付けた資料はこれらの文書である。

博物館では収集された資料は登録され、データベース化が行われる。我が国立科学

ザウターは間違いなく～日本にいて

この原稿を執筆・編集中に担当の藤本淳子さんから第一章で紹介した鹿野忠雄の伝記にザウターがオーストンのところに身を寄せていたと書かれているとのご指摘があった。全くその通りで、伝記の執筆者、山崎柄根先生の調査が改めて行き届いていたものであったと敬服する次第である。

博物館でも、標本に関してはデータベースが公開されており、哺乳類では毎年3000件程度をノルマにして僕が頑張っている。

しかしこういった文書資料に関しては、もちろん捨てずに残す努力はしているが、どの標本に関する二次資料がどこに置いてあるかといったことはおよそ僕の頭の中にのみあるもので、ちゃんと紐付けて整理されているわけではない。それだけでは不十分と思うこともあるので、気が利いたときには二次資料を複写して、標本と一緒に置いておくようにしているが、はっきり言って僕一人の能力では、増加し続ける標本を管理するのに手いっぱいで、そのほかに関しては不十分というところがあるのだ。

ところがこれらの博物館は違う。資料は年代ごと、人名ごとに整理されており、多くがデータベースとして閲覧可能である。日本にいてもインターネットを経由して「Owston」というキーワードで検索が可能な館もある。これは便利だ。例えば、オーストンが送ったハイナンモグラのタイプ標本が所蔵されている大英自然史博物館のデータベースで調べると21件がヒットした。うち14件は同博物館の研究者に宛てて送られたもので、残りのうち4件に関しては現在同博物館の鳥類部門として機能しているトリング市のロスチャイルド動物学博物館に宛てられたものらしい。また

「Katsumata」がトリングに送った手紙も2通あることがわかった。最後の1通はオーストンのことが文面に書かれた別の人からの手紙のようである。勝間田、オーストン、ロスチャイルドの接点と交流を知るための情報が残されているはずだ。ぜひ調査してみたい。

その願いを叶えるかのごとく、二〇一一年に僕は科学研究費補助金を得ることができ、この調査のための旅費を工面することに成功した。僕の二度目のイギリス訪問は、日本周辺からイギリスに送られた標本と、それにまつわる資料の調査として実現することとなった。

旅の計画

このイギリス訪問にはいくつか目的がある。まずはオーストンがイギリスに送った手紙について、そのすべてを閲覧することである。データベースの資料を見る限り、それほどたくさんのものが残されているわけではなさそうだ。これは一日で終わらせることができるだろう。博物館のアーカイブ担当者に問い合わせたところ、資料の閲覧は可能とのこと。さらに資料を写真撮影することも問題ないらしく、これはありがたい。さすがに英文で書かれた直筆の手紙をすべて短時間で読み、理解するのは限界がある。書き写すにしても手間がかかりすぎる。写真撮影しておけば、後日一つ一つの手紙を吟味しながら調査を進めることができるだろう。担当者には希望する日を提示し、日程調整を行った。

さらに、以前調査したハイナンモグラの標本以外にもオーストンが送った標本があることがそれまでの文献調査でわかっていた。それらの標本についても実物を観察して、ラベルがどのようなものであるかを見てみようと思っていた。こちらは同博物館の哺乳類担当研究者とメールでやり取りして、訪問の予定を決めていく。二〇〇四年に僕が初めて同館を訪れたときと同じ研究者が在籍していたので、以前観察したハイナンモグラのラベルに関する話を書き、現在の関心事と、それを明らかにするためにどの標本を見たいのか、ということを詳しく伝えた。「歓迎する」との返答を得て、アーカイブで調査する数日前に日程を合わせることができた。

もう一つ、この訪問で行きたかった場所は、ロンドンのユーストン駅から特急電車で四十分ほどのところにある田舎町、トリングである。ここがロスチャイルド家三代当主の創設した、ロスチャイルド動物学博物館の所在地である。

この博物館は現在の大英自然史博物館鳥類部門となっているが、展示は世界中の動物に関するライオネル・ウォルターのコレクションを使ったもので、過去のものが残されているのだという。ぜひこの展示を見て、十九世紀から二〇世紀に変わる頃の博物学を体感したかった。

トリングという町を調べてみると、動物学博物館がある市街地へは駅から歩いて一時間ほどかかるようだ。そのあたりのホテルはなかなか高額である。そこで市街地まで歩いて三十分程度のところにあるB&Bを予約した。ここにはパブも併設されているので、快適に過ごせそうだ。周囲は農地や牧場に囲まれており、散歩しながらここに生息するヨーロッパモグラの住処を観察するのもよかろう。

二〇一二年十一月十四日、僕は成田空港からロンドン・ヒースロー空港行きの直行便に搭乗した。オーストンの直筆の手紙が読めることにワクワクする。前回イギリス

B&B
ベッド・アンド・ブレックファストの略。朝食付きで、日本でいえば民宿のような宿。

へ旅立ったときはまだ見ぬ標本に心躍らせたわけだが、紙に書かれた文字に対してこんな気持ちになるとは考えてもみなかった。人間、変われば変わるものである。

先達の言葉を胸に

十一月のロンドンはすでにかなり寒い。空港から地下鉄で自然史博物館があるサウスケンジントンの隣の駅まで移動し、一キロほど離れたところにあるインド人経営と見えるモンタナ・ホテルに滞在する。初めてロンドンに来たときは学生の身分で、安い宿を探したものだった。外食をする余裕もないので、食事もスーパーマーケットで購入して部屋で済ませた。今回は博物館研究者としてのちゃんとした業務である。ぜひともパブでおいしいビールを飲んで過ごすこととしよう。日本でも最近ではアイリッシュパブがたくさんあるが、ここではなにしろ安い。一杯五〇〇円に満たない金額で一パイントの良質なビールが飲める。

『私の博物誌』
市河三喜 著／中央公論社／一九五六年刊

早速近所のパブに入り、カウンター席に座ってビールを飲みながら、市河三喜著『私の博物誌』を読み始めた。この本は遡ること二か月前、麻布大学で開催された哺乳類学会の大会に参加した折、動物学史に詳しい先生から教えていただいたものだ。

標本の歴史や哺乳類学の歴史上の重要人物に関する、いわゆる科学史的研究は学会ではマイナーな分野であり、良くも悪くも目立つのか、同様なネタに興味を持つ人から様々な情報提供がある。彼らは皆忙しくて、おそらくこの分野に興味を持ちながらも、自分の専門から離れたところまで手を広げることができずにいるようだ。僕にこの本の存在を教えてくれた方も博物学の知識が豊富な先達で、古い文献について大変な知識を持っている。しかしながら普段は本来の動物学的研究を行っているので、そのような体は見せておらず、こういう方に声をかけられると時に驚かされるのである。

僕の博物館の先輩にも、同様に博識な方が多い。彼らとの情報交換は、この手の研究には非常に大事だ。それには自分が昔の出来事を調べている変人なのだ、ということを方々に明言しておくことが大切である。博物館の先輩の一人は僕に言う。「そういうのは退職してからやるものだよ」。確かに、自らの仕事を終えてからじっくりと向き合えるようになる頃までに、時間をかけて少しずつ培っていくのが正しいのかもしれない。しかし哺乳類学会の先輩は僕に言う。「今からそこまで調べられたら、きっと後に何かを残せるだろうね」。

博物学の面白いところは、一歩踏み込めばこうした先輩方の知識を数珠玉のようにつなぎ合わせて、一連のストーリーを紡ぎだせることにあると思う。生物学、特に分類学に親しむものは皆、対象とする動物の研究史に興味を持つものである。それぞれの分類群にはそれぞれの研究の歴史や記載の歴史があるわけであるが、僕が調べているオーストンは分類群を問わず標本提供の仲介をした人物なので、当然哺乳類だけでなく、彼が標本商として携わった様々な分類群にわたって資料を取りまとめる作業になる。広く分類学に親しんだ先輩方がいる博物館は理想的な場で、彼らとの交流がさらに僕の興味を刺激し、増幅させる。そして僕は先輩方の指し示す方向へとさらに調査を進めていく。この本を執筆している今も、そのスタイルは変わっていない。

『私の博物誌』は一九五六年に出版された本で、執筆者は「ベドフォード東アジア動物学探検」で派遣された採集人、アンダーソンの通訳兼助手として同行した一人であるが、僕はこの頃までその事実を知らなかった。アンダーソンの助手としては、かの最後のニホンオオカミを収集した際に同行した金井清と後に鳥獣採集家として名を馳せる折居彪二郎があまりに有名で、市河の名は埋もれてしまっている向きがある。

彼についてはこの後に多くのことがわかってくるのだが、高校時代に博物に対する関心を開花させ、「博物学同志会」という団体を同志と設立した人物である。英語学者として著名になったことからもわかる通り、英語の能力に特に秀でたアマチュア・ナチュラリストで、本来はアンダーソンの国内調査に同行するのは彼になる予定だった。ところが何か事情があったのか同行できず、友人でやはり英語能力に長けた金井が補助することとなった。市河は対馬地域にのみアンダーソンに同行したのだという。

市河が主宰した「博物学同志会」が若者の博物学団体として秀でたものであったことは、彼らが『博物之友』という機関誌を発行していたことにも明らかだ。機関誌といっても生半可なものではない。その執筆者には田中茂穂や岸田久吉といった、当時の東京帝国大学のプロフェッショナルたちも多く含まれており、動物学教室の箕作佳吉に至っては筆不精であるとことわったうえで『博物之友』への寄稿を頼まれたなら受けないわけにはいかないと、若い博物学徒にエールを送っている。東京帝国大学の大先生も応援したアマチュア博物学青年会といった趣のある団体だったようである。

時は明治の終わり頃。僕がこの時代に生きていたら何ができただろう。果たして研究を生業にした職を得ることができただろうか。

様々な思いを巡らせながら読書を楽しむのであるが、問題はこの本に書かれているアンダーソンの調査の産物が、翌日訪問する自然史博物館に今もなお大切に保管されていることである。残念ながら本書には一番知りたかったアンダーソンとオーストンの交流を示す記述は見当たらない。宝探しに空振りはつきもの。自然史博物館での調査に期待が高まる。

大英自然史博物館でラベル調査

翌朝、サウスケンジントンの駅近くのカフェでカプチーノを飲み、予定していた十時前に自然史博物館の研究者用入口へ向かった。まず来館の手続きを行い、哺乳類部門のコレクション・マネージャーを呼んでもらう。ロビーで待っていたところ、同じようにロビーにいた人から日本語で声をかけられた。その方は植物を専門とする大学の先生で、長期滞在中とのことである。一週間ほど前にはカミキリムシの日本人専門家が滞在していたという。日本からも自然史博物館を訪問する人は多い。とはいえ、実際に異国の地で出会うと驚かされるものだ。この時期はロンドン行きの航空券が比較的安いからなのかもしれない。

ほどなくして初見の男性が迎えに来てくれた。八年ほど前にも通った魚竜が壁面に並ぶ展示エリアを通過して、研究者限定の哺乳類収蔵エリアへ誘導される。そしてここで、前回もお世話になったジェンキンスさんに案内が代わり、目的の収蔵庫へと通された。いよいよハイナンモグラのタイプ標本との再会である。また、今回はそれに加えて、僕が興味を持っている明治時代に日本から送られた標本をできる限りたくさん写真撮影することにしていた。といっても、今回は標本そのものが目的ではない。撮影の対象は標本に添付されたラベルである。各標本につき、ラベルの表と裏2枚ずつ写真を撮っていく。

特に気になるのは、やはりオーストンが収集した標本である。すべての日本産哺乳類を調べるには少々時間が足りないので、日本だけに分布する固有種を対象として小型のモグラ類やネズミ類に付帯するラベル情報を読み取っていく。やはりその多くはアンダーソンやゴードン＝スミスが採集したものである。さらにアンダーソンが雇用した金井や折居といった名がラベルに記されているものも多数あった。

翌日までかけてチェックしたのは計806点。そのなかには今回の目的の一つでもあったアマミノクロウサギの仮剥製標本も含まれていた。数は3点で、内2点には

大英自然史博物館。まるで大教会の様な建物だ。

（表）27/12/04 Amami oshima, Loochoo Is.（裏）A.O.15. ♂

（表）23/12/05 Amami oshima, Loochoo Is.（裏）A.O.13. ♀

というラベルが付帯している。採集年は一九〇四年と一九〇五年のいずれも十二月となっており、つまり残念ながら勝間田善作の採集したものではないようだ。ラベル裏面に記述された「A.O.15.」と「A.O.13.」はアラン・オーストン（A.O.）の標本番号を示している。この頃といえば、オーストン商会の番頭を長く務めた長聖道が、長田霊瑞とともに奄美大島を含む南西諸島を採集旅行した時期とかぶる。ただしその旅の記録では長が奄美大島に滞在したのは一九〇四年八月二十二日から九月十日とされている。文献によればもう一人の長田はその後も奄美大島に滞在してオーストンのために標本を収集したということなので、長田による採集品かと思われる。

そして残るもう1点の標本に付けられたラベルは、僕の興味を引くものだった。ラベルの様式はマルコム・アンダーソンが東アジア探検中に使用していたもので、裏面に間違いなくアンダーソン本人の文字で「Presented by Mr. Alan Owston」と書かれているではないか。やはりアンダーソンはオーストンと面識があったのだろう。アンダーソン自身は奄美大島へは旅をしなかったので、横浜に立ち寄ったときであろう

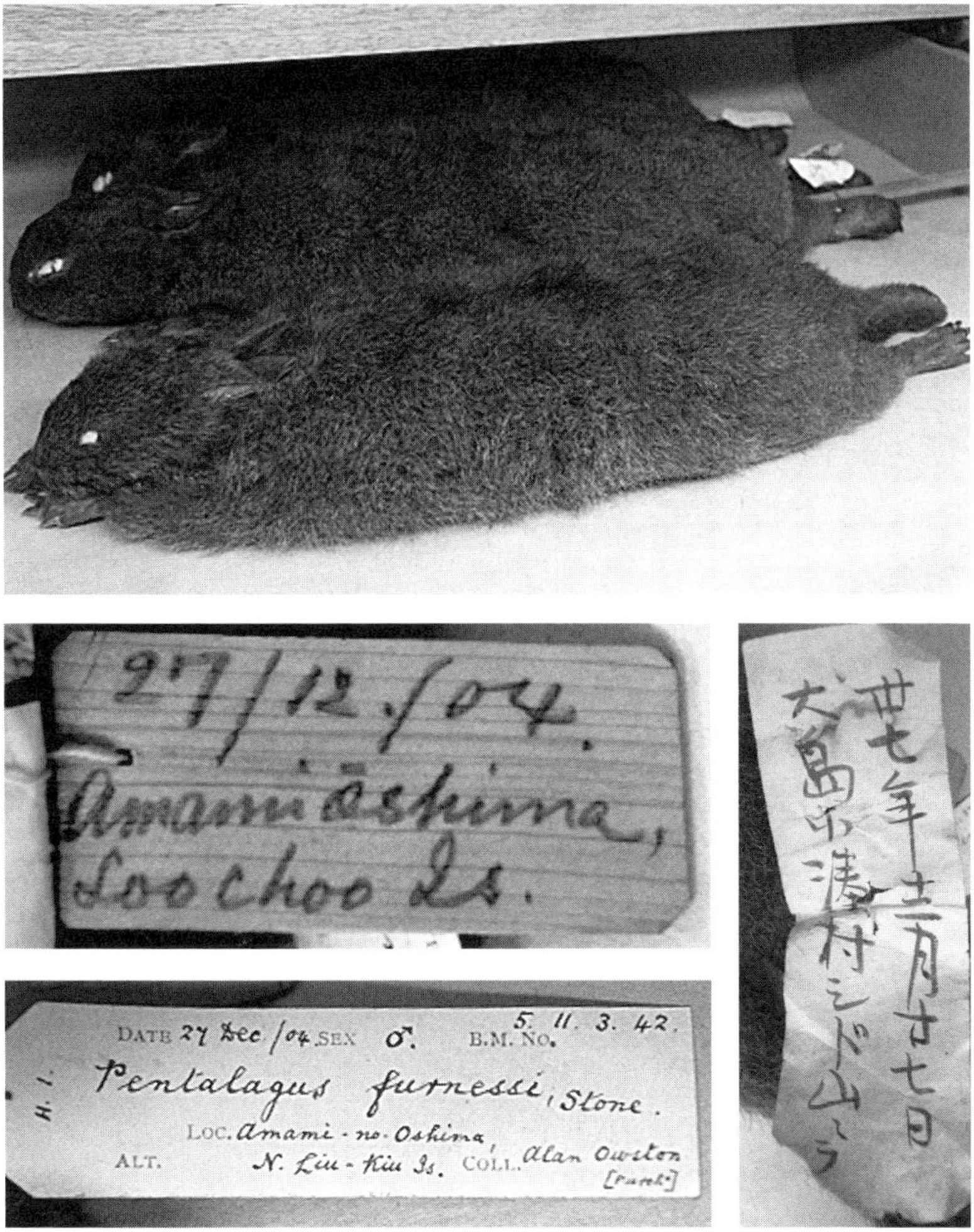

大英自然史博物館所蔵のアマミノクロウサギ3点及び内1点のラベル。短冊に日本語で書かれたものがオリジナルのラベル。木札のものはイギリスに送付するときに整理・添付されたものだろう。

か、オーストンからこの標本を受け取って、彼の調査の成果に色を付けたというわけである。

お気づきかもしれないが、僕がアマミノクロウサギに注目したのには理由があった。長沼が執筆した勝間田の伝記に、アマミノクロウサギについて次のような記述があることはすでに述べた通りだ。勝間田がオーストン経由でロスチャイルドに送ったアマミノクロウサギが、当時ロンドンで開催された万博で紹介され、一等賞を取った、という逸話である。しかし調べてみるとその頃にロンドンで万博が開催された事実はなく、真偽が怪しい情報なのである。

勝間田が採集しロスチャイルドに送られたこのアマミノクロウサギは、本当に実在したのだろう

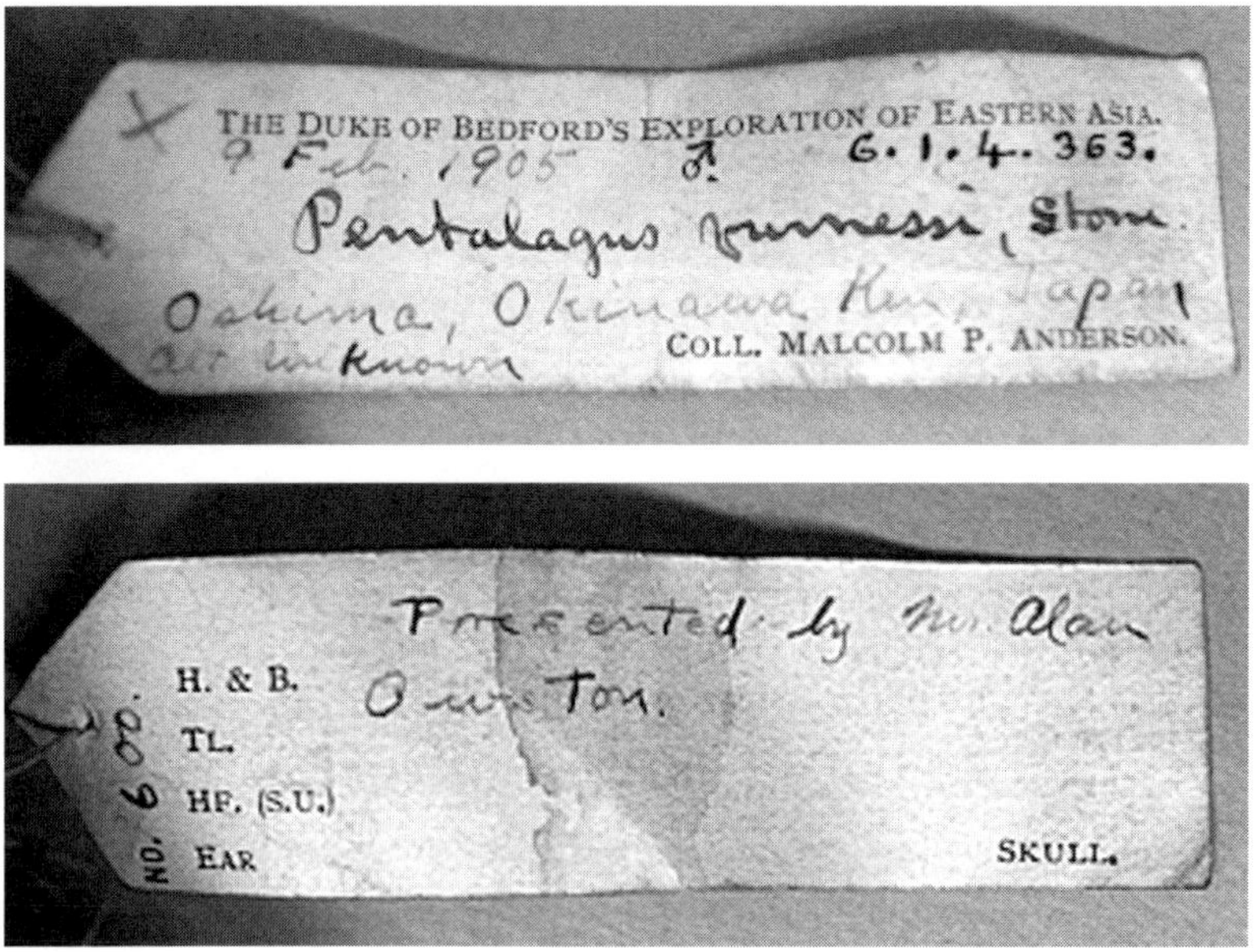

オーストンとアンダーソンの交流を示す証拠。アマミノクロウサギ1点はオーストンからアンダーソンにプレゼントされたものだった。
© The Trustees of the Natural History Museum, London

か。仮に実在したものとして、ロスチャイルドの興味は特に鳥類や昆虫類にあったので、哺乳類であるアマミノクロウサギは自然史博物館にプレゼントされたということも考えられるだろう。であるなら、ハイナンモグラの標本のように、この収蔵庫に眠っているかもしれないと思ったのだ。

しかしここには、この3点のほかにアマミノクロウサギの標本はなかった。残る可能性はトリングにあるロスチャイルドの博物館である。翌日からのトリング調査に期待をもって、ここでの作業を終えた。

さて、それにしてもたくさんの標本とラベルを撮影したもので、この整理が大変である。パブでビールを飲むのを楽しみにしていたが、そういうわけにもいかなくなり、ホテルに戻ってスーパーマーケットで調達したビールと夕食をいただきながら、標本の個体データをエクセルファイルに入力していくことにした。空き時間は有効に活用しよう。

標本のほとんどはゴードン＝スミスとアンダーソンが捕獲したもので、自然史博物館にある日本産哺乳類標本の研究に彼らが多大な貢献をしたことは間違いない。またアマミノクロウサギなど、オーストンやプライヤーが採集したものも少なからず存在することがわかった。これらに関する文書資料が存在するのかどうか、それは二、三日の間をおいてからということになる。翌日は週末で、ロンドンを離れて北西の町トリングへ移動である。

ロスチャイルド博物館へ

トリングへの特急電車はロンドンの北部行鉄道の拠点であるユーストン駅から出発する。その日は夕方までにトリングの宿へ到着していればよかったので、ユーストン駅へ移動する途中に少々寄り道をすることにした。何もどこかレジャー施設に遊びに行こうというわけではない。また有名な大英博物館が目的でもない。僕がロンドンで立ち寄りたかったのは、ハンター博物館という小さな博物館である。地下鉄のオルボーンという駅を降り、歩いてほどなくすると英国王立外科大学が見えてくる。目指す博物館はその建物の一角にあった。

ハンターとは狩猟を意味するものではなく、十八世紀に活躍したイギリスの外科医兼解剖学者、ジョン・ハンターのことである。ハンターは当時の（今でもそうかもしれないが）権威主義的な医学界において、病気の新しい治療法を開発し多くの人を救った。またその裏で、人体を含む様々な生物を執拗に解剖したことが知られている。彼の革新的な偉業は、体の構造を調べるために繰り返し行われた、その解剖行為によって得られたものだった。彼が作製した二〇〇年以上も前の標本や医学史資料は現在も残されており、それらを展示したのがこの博物館である。

特に、体中の神経と血管だけを板に張り付けた標本は圧巻で、これを作製するのに一体どれくらいの時間を費やしたのだろうかと思う。展示室にはこのように、一般的には気持ち悪いと思われがちな珍標本――巨人の全身骨格や、体中に骨片ができる病気になった人の骨格、様々な動物の液浸標本など――が並べられていた。ハンターの死後、これらのコレクションは散逸する危機を迎えたというが、それを管理し続けて救ったのは彼の助手、ウィリアム・クリフトだった。クリフトの努力でハンターの個人コレクションは政府に買い取られて、現在の王立外科大学で管理されるに至ったの

ジョン・ハンター
John Hunter
一七二八－一七九三
イギリスの解剖学者。外科医。解剖教室と診療所を兼ねた彼の家は『ジキル博士とハイド氏』の邸宅のモデルとなった。

だという。そしてその管理はリチャード・オーウェンへと引き継がれる。オーウェンは一八八一年に大英博物館から自然史部門を独立させ、現在のサウスケンジントンの自然史博物館を作った人だ。つまり、ある意味では大英自然史博物館よりも古い歴史を持つ博物館なのである。

ハンター博物館の展示に満足してユーストン駅からトリング行の特急電車に乗り込み、四十分程揺られて次の目的地に到着した。見事なまでに長閑《のどか》な田舎町である。駅の周辺にも店らしきものは全く見当たらない。タクシー乗り場と思しき場所があるが、乗客を待つ車もない。周囲は耕作地に囲まれており、モグラの採集には最適といった様相の場所である。

僕はワクワクしながら、トリング周辺の地図を頼りに宿へ向かうことにした。道のりは三.五キロほど。自然観察を兼ねたちょっとしたトレッキングである。畑の間に伸びる長い道路を歩いていくと、そこここにモグラのトンネルが見つかった。

ヨーロッパモグラは日本のモグラとは比較的遠縁なグループに属していて、なんでも「要塞」と呼ばれる直径一メートルほどもある土のマウンドを形成し、その中に巣

リチャード・オーウェン
Sir Richard Owen
一八〇四 - 一八九二
イギリスの生物学者。比較解剖学者。古生物学者。「恐竜」という言葉の名付け親でもある。

を作るのだという。周囲を見渡しながら歩いたが、そのようなものは見つからず残念。モグラの姿を拝むことはできなかったが、穴から出てきて走り去るネズミを観察することができた。尾は体の半分弱の長さである。おそらくヨーロッパヤチネズミであろう。僕が大学四年生のとき、この種の染色体に関する論文とヒメヤチネズミの染色体データを比較したことを思い出す。こんな形で出会えるとは思ってもいなかった。

一時間ほど歩いたところで、トリングでの宿となるグレイハウンド・インに到着した。周囲は依然として耕作地に囲まれている。後で周囲を散策するのもいいだろう。グレイハウンド・インは、宿というよりはパブがメインで、その離れに2つの部屋があり、宿泊も受け付けているというところだった。ここには二晩宿泊する。夜はパブで楽しく過ごせそうである。早速ビールを一杯いただこうとパブに入った。この日は土曜日で、中は人でにぎわっていた。

明けて日曜日、いよいよかねてから行きたかったロスチャイルド動物学博物館の訪問である。グレイハウンド・インを出てのんびりと田舎道を散歩しながら進んでいく。

市街地が見えてきたが、それほど大きな町ではないらしい。すぐに事前にインターネットで確認していたレンガ造りの建物が見つかった。

ここが世界随一の動物標本収集家、かのライオネル・ウォルター・ロスチャイルドの私設博物館である。まだ開館までは時間があるので、近くのカフェで時間をつぶしながら、標本のデータ整理をすることにしよう。日曜日の開館時間は遅いらしく、午後二時とのことである。

博物館には見事な剥製コレクションが展示されていた。僕はロンドンの自然史博物館に展示されている剥製標本については、それほどのものとは思わなかった。古いものが多く、色も褪せて、また頭部の整形も少々難ありというものが目立った。これならば我らが国立科学博物館の展示物の方が、と思えるようなものだったのである。ところがロスチャイルドの博物館は違った。剥製は見事に作製され、種数も網羅的なものがあり、日本の博物館では見られないような動物も収集されている。これぞ偉大なる収集家のコレクションといえるものだった。

ゾウがある、キリンがある、サイも複数種揃っている。ウマがたくさん並んでいる

ロスチャイルド動物学博物館の全景（上）と展示室（下）の様子。

かと思えば、そのなかに絶滅したクアッガ*Equus quagga quagga*がいる。僕と誕生日が同じブライアン・ホジソンの名を学名に冠した美しい羚羊《レイヨウ》、チルー*Pantholops hodgsonii*の剥製まであった。なんとうらやましいことか。さらには僕が大好きな小哺乳類も展示用の本剥製が各分類群について並べられていた。これほどの展示を僕もいつか国立科学博物館でやってみたいものだ。

家畜の犬に関しても様々な品種が展示されていた。動物飼育も彼の趣味だったというが、よく収集されたものである。

哺乳類や鳥類だけでなく、爬虫類や魚類、海産無脊椎動物も多数あった。日本から運ばれたものも見受けられ、固有種であるニホンカモシカ*Capricornis crispus*や、タカアシガニ*Macrocheira kaempferi*のような日本近海が産地とされる種はおそらくオーストンが送ったものなのではないか。

しかし、どうやらアマミノクロウサギはないようだ。当てが外れたか。

オーストンの手紙

ロンドンに戻り、今度は地下鉄アールズ・コート付近のマノー・ホテルという宿に移った。ここは二〇〇四年に初めてロンドンを訪問したときに利用したホテルである。そのことを伝えるとカウンターの男性は大変喜んでいた。

翌日はついに文書資料の調査である。調査は一日。事前に希望する資料をアーカイブ司書のデイジー・カニンガムさんにメールで伝えたところ、資料数は20点程度との回答だった。これくらいなら一日あれば十分と踏んでのことだ。

翌日。予定より早く到着したため、博物館近くのカフェで時間をつぶす。カプチーノを飲む間もワクワクが止まらない。そして約束の時間となり、博物館の研究者用入口でデイジーさんを呼んでもらった。

ほどなくして現れた若い女性が、僕をアーカイブ室へと案内してくれる。部屋は周囲に古めかしい書籍がびっしりと並んでおり、真ん中に閲覧用のしっかりとしたテーブルがあった。ここが本日の調査場所である。横浜の開港資料館で調査したときにも普段とは異なる厳粛な空気を感じたが、そのときともまた違う緊張感がある。

テーブルにはすでに僕が希望していた資料が堆く積まれていた。二十センチはあろうかという分厚い辞書のような資料の背には十九世紀の年号が刻まれており、これらが一〇〇年以上前にこの博物館に届いた手紙の束であることを主張している。資料の扱い方について手ほどきを受け、テーブルに備え付けられたウェット・ナプキンで手をぬぐって、いよいよ資料に手をつけた。

資料の各ページには、厚手の紙に細かい筆記体で書かれた手紙が貼り付けられており、鉛筆で資料番号が記入されている。最初に手にしたファイルのなかには、目的としたオーストンの手紙は一通だけで、資料のボリュームの割にはサクサク仕事が片付くと見込んで、早速内容を読んでみた。

手紙はオーストンからアルバート・ギュンターに宛てられた一八九四年六月十六日

付のもので、予想通り標本を送付したとの内容である。「親友のジョン・ミルンから日本の小哺乳類を希望されているとお聞きした」とあり、標本を手配できるということが書かれていた。ギュンターはすでに述べた通り、ミズラモグラをプライヤーから送ってもらって新種記載した人物。また、ジョン・ミルンは東京帝国大学工科大学でお雇い外国人として来日し、後に地震学の父とも称されるようになるイギリス人である。そういえば、磯野直秀著『三崎臨海実験所を去来した人たち』には、彼がウェストという外国人とともに実験所を訪問し、海産動物の採集を手伝ったことが書かれていた。彼の伝記『明治日本を支えた英国人』には動物関係の情報は書かれていないのだが、生き物にも興味を持つ人だったようだ。僕たちがこれまでに集めた資料には、大日本水産会の講演会でオーストンが先のウェストと飯島及び松原新《まつばらしん》之助《のすけ》の4人で登壇した記録も見つかっている。明治期の日本で数少ない外国人として、彼らが交流を持っていたことがうかがえる。そしてこの手紙は、この頃から大英自然史博物館とオーストンの関係が始まったことを示した、重要なものであった。

それにしても、これまでオーストンについて、標本商としての足跡や生い立ちに至るまで、その人物像を時間をかけて調べてきたこともあって、こうして肉筆の手紙を

ジョン・ミルン
John Milne
一八五〇－一九一三
イギリスの鉱山技師。地震学者。鉱山学を教えるために来日し、後に在留外国人らと日本地震学会を設立した。

『明治日本を支えた英国人—地震学者ミルン伝』
レスリー・ハーバート＝ガスタ、パトリック・ノット 著／宇佐美竜夫 訳／日本放送出版協会／一九八二年刊
原題：John Milne: Father of Modern Seismology (1980)

見ていると、一〇〇年以上も前の人物なのに親しい知人であるような錯覚をしてしまう。もうすでにおなかがいっぱいになりそうだが、文書調査を進めていった。

ファイルされた資料をひと通り見終わって、次に封筒に入った資料を手にしたときに、思わぬ誤算に気づいた。中身を取り出してみると、一〇〇通はあろうかという手紙の束である。これらはトリングのロスチャイルド博物館に送られたものらしい。事前にデータベースで調べた内容では、この封筒は1資料としてカウントされていた。こんなペースで一つ一つ手紙を読みながら進めていては限られた時間ですべての資料を閲覧するのは無理である。内容は後日改めて確認することにし、手紙を一枚ずつ写真撮影していく作業に切り替えることにした。

ともあれ、資料がたくさんあれば情報量も増大する。嬉しい悲鳴というやつだが静かな部屋で声を上げることも許されず、冷静を装ってひたすら作業を続けた。しかし、撮影を始めてちょうどお昼を過ぎた頃、なんとデジタルカメラの充電が切れかけているではないか。そこでデイジーさんにお願いして電源をお借りし、充電している間に外で昼食を取ることにした。

ご飯を食べながらノートパソコンを開き、カメラから抜いてきたメモリーカードを挿入して午前中に撮影した画像ファイルをコピーしていく。手紙を眺めていると、これほどのデータを処理しきれるのだろうか、と急に心配になってきた。

英語のアルファベットは26文字。多少乱筆でも丁寧に見ていけばなんとか文字を起こすことができる。これが日本語だったらどうだろう。例えば、僕のフィールドノートに書かれた文字などはおそらくほかの人にはほとんど解読できないのではないだろうか。ましてや一〇〇年前の文章となれば、言葉遣いも大きく異なるし、漢字は崩し字が使用されていたりするので、読むのは簡単ではない。そう考えると英語の手紙は好都合である。オーストンの手紙は彼独特の筆跡――例えば彼は、アルファベットの「t」を書くときに横棒をかなり右へずらして書く癖がある――で書かれているが、決して読みにくいものではなかった。僕はオーストンとイギリスの博物館の関係を調べるために、なんとかこれをすべて読み解く必要がある。膨大な作業を前に、不安と期待でいっぱいになる。

いくつか拾い読みをしていくなかで、この章の冒頭で紹介したザウターについて書かれた興味深い手紙が目に止まった。それは一九〇五年十二月二十一日付のもので、オーストンが大英自然史博物館のウィリアム・キャルマンに送った内容である。キャルマンはイギリス北部の町ダンディーで生まれ、ダンディー大学のダーシー・トムソンに師事した甲殻類が専門の動物学者である。

オーストンはこの頃、まだ名前が付けられていない甲殻類標本をかなりの数持っていたらしい。キャルマンからは、それらを同定して名前を付けてくれるという申し出を受けたが、数か月前にイギリスの貝類学者ライオネル・アダムスにいくつかの標本を送ってしまった後だった。その折にはリストも作成したが、そのリストはあるドイツ人の使用人に持ち去られてしまったという。そのドイツ人こそ、ハンス・ザウターその人だった。ザウターがオーストンに解雇された背景には、このような経緯があったようだ。こういった人間臭い内容の文章が見つかると、ついついニヤリとしてしまう。

手紙にはオーストンの番頭として活躍した「長」について書かれたものもあった。僕は「長政道」と「長聖道」という二人の人物が、途中で改名した同一人物であると推理していたが、これは正しかったようだ。オーストンが一九〇四年四月九日にロスチャイルド博物館のキュレーターであるエルンスト・ハータートに送った手紙で、

ダーシー・トムソン
D'Arcy Wentworth Thompson
一八六〇 - 一九四八
スコットランドの生物学者。『生物のかたち』の著者として有名。

「二月四日付、琉球列島についての手紙を受け取った。もちろん、私の最高の男（二十五年来私とともにいる）に二、三人の補助を付けて琉球列島の端から端まで掃海しに派遣した」と書いている。これは一九〇四年に長聖道が隊長として琉球に派遣され、ルリカケスの再発見や新種のケナガネズミが発見された調査のことである。この「二十五年来の最高の男」に対して、この後に

「調査隊のリーダーである私の番頭Mr. Choは私のところで二十五年程度働いており、最も良心的な男だ。」

とも書いている。この時から二十五年前は一八七九年にあたり、丁度オーストンが独立して事業を始めた頃である。当時から働いていた日本人は「長政道」しかおらず、後に名前を変えて、姓の読みも「ちょう」としたのであろう。

これはなかなか面白くなってきた。海南島や勝間田のことについては一体どんなことが書かれているのであろうか。デジカメの充電が終わった頃、昼食を切り上げて作業に戻った。

当事者たちの証言

すべての手紙を撮影し終わったのは夕方四時頃だった。アーカイブ司書のデイジーさんに別れを告げて、ホテルに帰る。さてここから文書解析の始まりだ。

空港へ向かう地下鉄内でも、空港でフライトを待つ間も、そして日本へ戻る飛行機の中でも、パソコンの充電が続く限り撮影してきた手紙を解読しながら文字を入力していった。帰国後も忙しい業務の合間を縫ってこの作業を続け、最終的に合計115のワードファイルが完成した。

事前に資料の内容を調べていた通り、勝間田から送られた手紙もちゃんと保存されていた。これはロスチャイルドに宛てられたもので、オーストンとの契約が完了した後のものであることもわかった。長沼が書いた『海南島の開発者　勝間田善作』には、勝間田が海南島での標本収集で成果をあげた後、今度はロスチャイルドから中国雲南省へ行くよう依頼されたとあったが、勝間田からロスチャイルドに一九〇七年九月二十四日付で送られた手紙には逆のことが書かれていた。別の場所での標本収集を申し出たのは勝間田の方で、ロスチャイルドがこれを断ったというのが真実だったようだ。

最も興味深いのはこれらの手紙のやり取りが行われた年である。長沼によれば、勝間田の生地にオーストンが訪問したのは一八九〇年。その後、印野村で鳥類とその巣や卵の採集を始めることとなり、一八九五年に琉球列島の調査へ派遣され、翌一八九六年から海南島での調査生活を開始した、とされていた。オーストンとハータートの間の手紙のやり取りには、この調査の経緯に関する情報も含まれていた。

まず、オーストンと勝間田の出会いについてである。オーストンが鳥類の巣と卵を収集し始めた記述が一八九四年五月十日付の手紙にある。

「今年日本産鳥類の卵と巣を集め始めた。シーズンが終わったら、入手できたものをカタログにして、まずはそれを送る」

とのことであるから、この頃までにオーストンは鳥の剥製は集めていたが、巣や卵にまでは収集意欲を持っていなかったことがわかる。これまでの調査でオーストン商会が「鳥ノ卵、巣買入」という新聞広告を出していたことがわかっていたが、その広告が最初に打たれたのは一八九四年三月二十七日の東京朝日新聞朝刊（110ページ参照）。その後、読売新聞にも何度か広告が打たれており、時期的にも手紙の記述内容とぴったり一致する。広告には「資金　壱円　得百　円業」の文言が二文字ずつ四隅に書かれ、卵型の空白部に「採集ヲ御望ノ方金一円御送アラバ製造道具ト買入代價書差上候」との記述があり、卵標本を作製するために必要な道具を一円で送るとも書かれている。どうやらこうして、鳥だけでなく商品として有用な卵や巣までを各地から収集しようとしていたようである。

その後の長沼の記述には、オーストンが初めて来た数日後（つまり一八九〇年）に、「大地鳴（オオジシギ）という鳥の卵」が欲しいと再び現れ、勝間田たちはオーストンを連れて裾野を歩き回り、見事発見するというエピソードが描かれている。これに呼応すると思われる記述は一八九六年七月一日にオーストンがハータートへ送った手紙に見つかった。

「最近オーストラリアタシギ（*G. australis*）の巣を手に入れた。（中略）卵の状態はあまり良くないが、記載するようならお送りする」

調べてみるとオオジシギ *Gallinago hardwickii* はタシギ属の一種で、夏期に日本で繁殖し、冬季にはオーストラリアへも南下して越冬する種である。おそらく「*G. australis*」はオオジシギの同物異名であろう。記述の内容的に勝間田が採集したものと思われるが、やはり年がずれている。勝間田がオーストンに出会い、彼のために鳥類とその巣や卵の採集を開始したのは、おそらく一八九六年のことで、新聞広告でオーストンがこれらを欲しがっていることを知ってのことではなかったか。

さらに長沼の記述には、勝間田の富士山麓での勇気ある採集能力が認められ、オーストンから琉球列島に調査に行くことを依頼された記述がある。勝間田は愛知県岡崎市に住む中根松十郎とともに出発したとされている。中根は剥製技術に長けた人物だったという。一八九九年九月五日付のオーストンからハータートへの手紙に、この調査を示すと思われる記述がある。

「琉球の八重山諸島にこの四月に採集人たちを送り、いいロットの鳥の皮と卵をもたらしてくれた」

名前は記述されていないが、前述の手紙の通り、これが勝間田（当時は石田）善作を含む一行であった可能性が高い。この調査の記録と思われるものはすでに書いたように文献調査によって明らかになっていて、アメリカのハーバード大学比較動物学博物館のオートラム・バングスが鳥類と哺乳類の調査を行い、カグラコウモリなどの新種が記載されることとなった。

バングスはアメリカの哺乳類鳥類学者である。子供の頃から鳥をパチンコで撃って標本にしていたほどの人で、大学ではゲリット・ミラーとともに哺乳類の採集などを行った。初期は哺乳類の論文をたくさん書いているが、ハーバード大学にアシスタントの職を得た一八九九年以降(このときに自前の1万点にも及ぶ哺乳類標本をすべて博物館に売っているが、鳥の標本はまだ自分の手元に置いていたという)、鳥の研究に戻ったらしい。一九〇一年にハーバードで最初に書いた論文が、ちょうどその頃に入手した琉球の鳥類に関するものであったという。

カグラコウモリの記載論文には採集者として「Ishida Zensaku」とあり、確かに勝間田の旧姓名が明記されている。タイプ標本の採集年月日である一八九九年五月十日という日付も、オーストンの手紙にある四月からの調査行で得られたものとして違和感がないだろう。また爬虫類や両生類は同じくアメリカのスミソニアン国立自然史博物館に送られたようだ。同館のレナード・スタイネガーが一九〇四年と一九〇七年に記載したいくつかの種に、同じ頃に琉球列島で採集された標本の記述があり、「オーストンから購入」したとされている。なかでもヤエヤマアオガエルは、オーストンの名前を種小名として新種記載されたものだ。これらの種についても、採集者は勝間田（石田）善作だったのである。

そしてその後、勝間田は海南島へ行くことになるのだが、長沼の記述によればオーストンから依頼を受けたのは一八九六年四月頃のことで、勝間田は悩みながらも旧姓の石田から勝間田へと改名し、故郷を捨てる覚悟で依頼に応じる。海南島に向けて神戸を出港するのは同年七月十日と記述されている。一方、オーストンの手紙に海南島に関する記述があるのはロスチャイルドに宛てた一九〇一年三月五日付のものが最初である。

「海南へ日本人採集人を送ることについての一月七日付の手紙をありがたくいただいた」から始まるこの手紙によれば、同年一月七日にロスチャイルドが海南島の動物調査に関する手紙をオーストンに送信したことがうかがえる。続けてオーストンは、

「簡単なこととは言えないが、なんとかしたい。（中略）二年ほど前に琉球に送った採集人でなんらかのアレンジをできる可能性がある」

と書いているので、ちょうど二年前の一八九九年に琉球調査を行った勝間田を念頭に置いており、同年の四月頃に勝間田に直接相談したと考えれば、やはり五年のずれがあるが、長沼の記述と符合する。さらに三月二〇日に送った追伸では「二年前、八重山諸島で私のために採集した石田という男」が一年あるいはそれ以上の間、海南島に行くと記述されている。この手紙でオーストンは石田（勝間田）を称賛しており、彼がマラリアが多い八重山諸島で何か月も過ごし、蚊とマラリアの関係にも熟知していることなど、安全に海南島で調査を行える人物としている。さらに石田を送り込む際

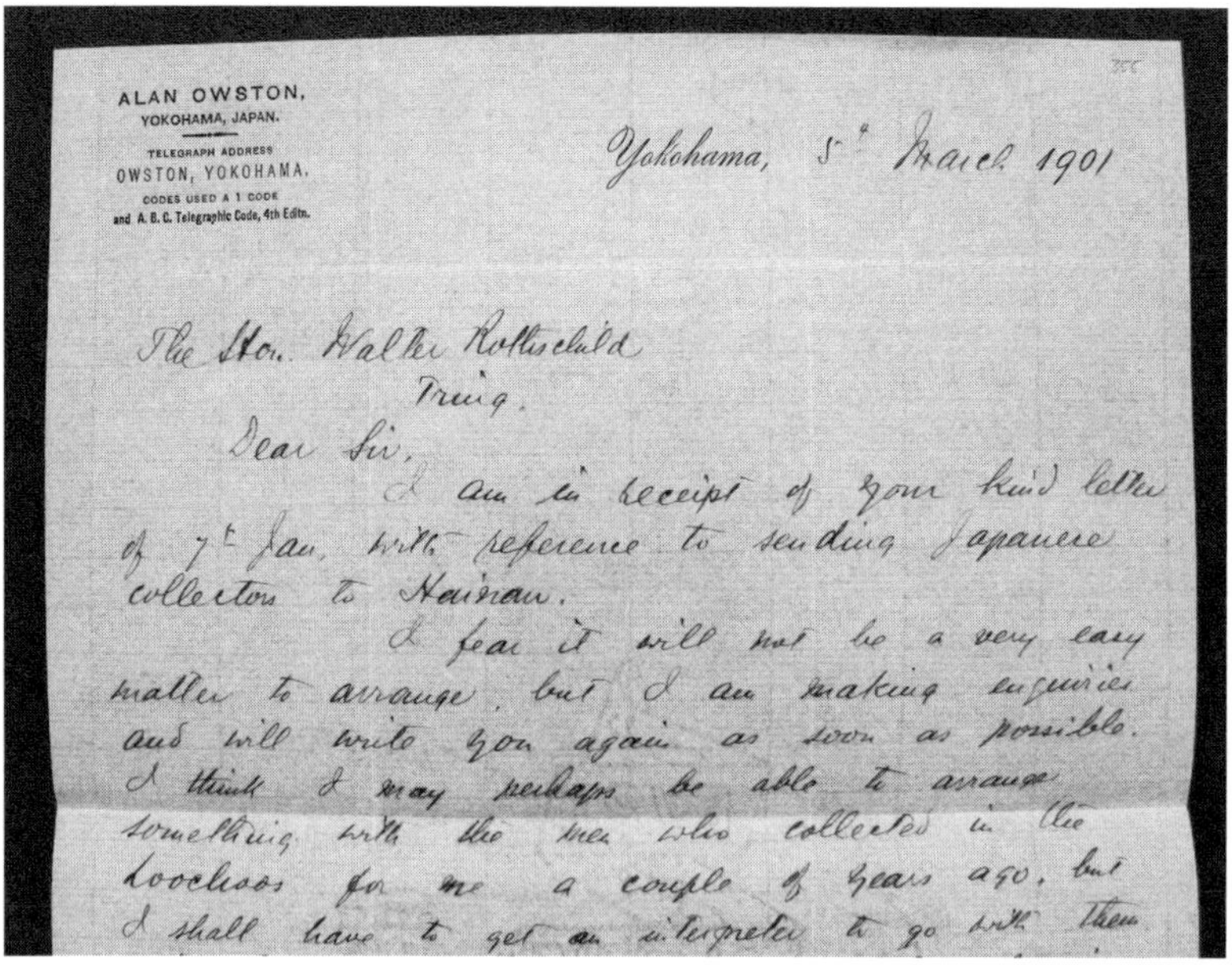
ALAN OWSTON,
YOKOHAMA, JAPAN.
TELEGRAPH ADDRESS
OWSTON, YOKOHAMA.
CODES USED A 1 CODE
and A. B. C. Telegraphic Code, 4th Edit.

Yokohama, 5th March 1901

The Hon. Walter Rothschild
Tring.
Dear Sir,
I am in receipt of your kind letter of 7th Jan. with reference to sending Japanese collectors to Hainan.
I fear it will not be a very easy matter to arrange, but I am making enquiries and will write you again as soon as possible. I think I may perhaps be able to arrange something with the men who collected in the Loochoos for me a couple of years ago, but I shall have to get an interpreter to go with them

1901年3月5日付のオーストンからロスチャイルドへの手紙。ここで初めて海南島調査の話が議論されている。

の保険や契約金などについても詳しく提案を行い、調査の計画を推進しているのだ。

八月九日付の手紙によれば、勝間田は中根松十郎を伴い七月二十三日に海南島に到着している。同じ手紙には中根がマラリアで床に伏して、勝間田が看病にあたっていることが書かれており、その後の記述についてもやはり五年のずれがあるがおおむね長沼と一致するものが見られた。唯一記述に誤りがあると考えられたのが、前述の雲南省へ調査に行く話である。

このように、長沼が書いた勝間田の伝記は、起こった出来事は非常に忠実に描写されているが、その時期については再考が必要である。特に鳥類採集を始めるようになってから海南島に行くまでの出来事には五年ほどのずれがあった。

長沼は勝間田善作が亡くなる数日前に海南島で面会し、彼とその息子から聞いた話をもとに伝記を執筆している。おそらく多くの情報はその家族から得られたものだろう。息子は海南島で生まれており、家族がどのような経緯から南洋の島で暮らすようになったのか、父である善作から詳しく説明されていたに違いない。五年のずれが生じた理由については、一つには善作とその息子の記憶違いによるもの、あるいは軍国主義時代の真っただ中に書かれたものであることを考慮すれば、善作が実際よりも五歳ほど若い時分から活躍していたと、息子に盛って話していたということもあったかもしれない。

オーストンの手紙には勝間田の海南島での調査の様子についても記されている。島に到着してすぐに連れだって渡航した2名がマラリアにかかったことや、そのうちの1人が帰国の途上香港で客死したという報告には、現地での調査が様々な疫病との戦いだったことがうかがえる。

そしてオーストンの手紙の束のなかに1通だけ、勝間田がオーストンに宛てた手紙も入っていた。おそらくオーストンが勝間田の調査の様子をロスチャイルドに伝えるために転送したものであろう。日付は一九〇五年十月二十五日。その内容は、ついに海南島の最高峰、五指山へ調査に出たというものである。

ここまでのオーストンとロスチャイルド、もしくはハータートとのやり取りからは、山岳地帯での採集調査が切望されていた様子が見て取れた。この島の鳥類を熱心に調べようとして五指山へ入り、志半ばに命を落とした先達ジョン・ホワイトヘッドのことが思い出される（第4章参照）。勝間田がついに五指山を目指すという知らせは、オーストンにとっても、ロスチャイルドにとっても好ましいものであったはずだ。

勝間田は一九〇五年九月十九日に海口市を出発し、同月三〇日に五指山に到着した。山は険しい岩場に阻まれ、頂上までは行くことはできなかったようだ。しかしここで250の鳥と20の哺乳類と10のヘビを採集する。その後は天気が悪かったようで、ここに四十日程度滞在し、次は頂上を目指すということである。採集した鳥にはクジャクが含まれていたというので、これが勝間田の名が種小名に刻まれてロスチャイルドにより一九〇六年に記載されることになるハイナンコクジャク *Polyplectron katsumatae* のことであろう。長沼の記述ではこの出来事は一九〇〇年頃と記されている。またしても五年の隔たりがあるようだ。

勝間田の五指山行は、珍しい鳥類も捕獲できて大成功に終わったことだろう。そして彼はおそらく翌年の同じ時期に再訪すれば、同様に良い成果が得られると期待していたのではなかろうか。僕が追い求めてきたハイナンモグラの標本ラベルは、まさに翌年の同じ時期、すなわち一九〇六年十一月十二日と十八日に五指山で捕獲されたモグラに付けられているのである。

ラベルが鳥類用のものである理由も納得できた。勝間田はロスチャイルドから主として海南島産鳥類の標本を収集するよう依頼されたオーストンによって雇用され、海南島へと送り出されたのである。手元にあったラベルは鳥類用のものだったが、優秀なナチュラリストであった勝間田の採集は鳥だけにとどまらなかった。様々な種の哺乳類や爬虫類まで収集し、手元にあったラベルを付していったのだ。

標本は横浜へと送られ、ロスチャイルドが希望していた鳥類と蝶類についてはイギリスのトリングへともたらされた。

一方で哺乳類標本はどうだっただろうか。一部の哺乳類標本がアメリカ自然史博物館に送られた形跡がある。この博物館の哺乳類研究者ジョエル・アサフ・アレンが一九〇六年の同館の研究報告に、一九〇二年から一九〇四年にかけて海南島で採集された哺乳類に関する報告をしている。毛皮の中に頭骨が入っているという情報も含まれており、これらは勝間田が収集した標本と考えれば時期が完璧に一致する。また一九〇九年には同研究報告に一九〇五年に海南島で採集された標本に関する記録も残しているので、この頃の哺乳類標本はアメリカに渡ったものが多いようである。また爬虫類標本も同館へ送られて一九〇八年にトーマス・バーバーが五指山で一九〇六年十一月十六日に採集されたトカゲモドキを新種記載するとともに、トカゲモドキ属 *Goniurosaurus* も新属として記載している。これはハイナンモグラの採集時期と完全に一致しているのである。ただし、バーバーの論文で調査されているのは海南島の標本だけではなく、ほかに台湾のものなども含まれているので、そのときオーストンの手元にあった標本が寄せ集められてアメリカ自然史博物館に送られたようにも思える。

では問題のハイナンモグラの標本については、どういう経緯をたどったのであろうか。大英自然史博物館所蔵のタイプ標本には「BM10.4.25.4」という標本番号が振られている。「BM」はBritish Museumの頭文字で、博物館の略号である。続く二桁の数字は、この標本が登録された（もしくは博物館で受け入れた）年を意味していると考えられ、同様に月・日であろう。末尾の数字は同日に登録された標本の通し番号である。つまりこの標本がイギリスへ送られたのは一九一〇年のことだったと考えられる。

前述の通り一九〇五年までの哺乳類標本はアメリカに送られていた。しかしそれ以降には送られた記録がない。博物館側に購入資金がなかったのか、あるいはオーストンの側に送りたくない理由があったのだろうか。同じ頃に採集された海南島の爬虫類標本がほかの地域の標本とまとめて送られていることを鑑みると、一九〇六年に採集された哺乳類や爬虫類の標本には、なかなか買い手がつかなかったのかもしれない。いずれにせよハイナンモグラの標本はオーストンのもとに据え置かれて、一九一〇年になってイギリスへと渡った可能性が高い。

しかし、標本登録の背景についてもう少し可能性を広げて考えてみると、また別のストーリーも見えてくる。つまり、一九〇六年当時、オーストンは勝間田から届いた海南島のモグラを即座にイギリスへ送ったが、その梱包が四年ほどの間手をつけられずにいたという可能性である。

この仮説を支持する興味深い映画のような物語が、ティム・フランネリー著『Among the Islands, Adventures in the Pacific』(二〇一一)に記されている。ある博物館から採集人がアマゾンに派遣され、現地で消息不明となった。彼の最後の仕事で採集されたものは博物館に後日届いたのだが、そのまま一世紀余り収蔵庫に放っておかれた。そして後に事情を知らない新任の研究者がその荷を解いたところ、採集人が集めた標本とともに、ヒトのミイラが一体入っていたのだ。なんとこのミイラが採集人その人で、おそらく彼は病没し、現地で彼を手伝った人々がせめて亡骸だけでも祖国に帰してやろうと同包したものと推測されたのだ、と。

標本についてはきっちりと作業をする僕でも、届けられた検体を冷凍庫に入れてしばらく手がつけられず、次第にその上に積みあがったほかの検体に埋もれて長期間放置されてしまうということはよくある。数年後、冷凍庫の掃除でそれが発見されて、めでたく標本になるということは忙しい博物館では日常の一コマだ。

でも僕は仕事熱心なトーマスに限って、宝物が詰まった海南島からの贈り物をすぐに調べなかったとは思えない。オーストンと勝間田の契約は六年間で、一九〇七年いっぱいをもって海南島からの標本送付は完了している。ちょうど契約期間が満了する直前の一九〇七年九月二十四日に勝間田がロスチャイルドに直接送った手紙が残されている。これによると「今後はオーストンとは関係なく、個人的に標本を販売したい」

と申し出ている。この件に関しては二、三のやり取りがあり、すでに書いたように雲南省への採集調査の提案が勝間田から出されているわけだが、ロスチャイルドはきっぱりと断っている。では勝間田の標本はいつ頃までロスチャイルドに送られていたのだろうか。

ロスチャイルドコレクションはウォルターが亡くなる前にニューヨークのアメリカ自然史博物館に売却されたといわれる。この博物館の鳥類データベースで「Katsumata」を採集者として検索したところ、なんと2034件もの海南島産鳥類標本がヒットした。そのなかでわずかに一九〇七年以降に採集されたものも見つかったが、まとまったコレクションとしては一九〇六年十一月に五指山で採集されたものが最後で、81点の鳥類標本が含まれていた。これは間違いなくハイナンモグラを採集した調査旅行のコレクションである。勝間田がオーストンの指示で採集を行った最終期の標本ということになる。

オーストンがロスチャイルドに海南島からの標本の到着を報告したのは、一九〇八年四月二十三日付の手紙が最後だった。きっとオーストンは、このときまでに勝間田から海南島の哺乳類標本を送られていて、それを一九一〇年まで保管していたのだろう。もしかしたらほかの博物館に売ろうとしたが買い手が見つからなかったのかもしれない。あるいは僕のように、箱ごと倉庫に入れてしまい、忙しさのなかでしばらく忘れてしまっていたのかもしれない。ともかくその標本は一九一〇年になってからトーマスに送られることになる。

トーマスは届いた荷物を見て、何が入っているのかとワクワクしながら開けたことだろう。そして標本は直ちに登録されて、彼はその中にあった見慣れぬモグラを新種として記載した、というのが僕がたどり着いた結論である。

再び、森林総合研究所の標本室で

このイギリス訪問から遡ること半年前の二〇一二年五月二十四日、森林総合研究所の標本室を平田君と再訪した。前回は安田さんからの連絡を受けて台湾のモグラと思しき標本を観察したにすぎなかったが、ハイナンモグラのラベルについて調査を進めていくにつれ、ほかにどんな標本が残されているのか興味が湧いてきたのだった。安田さんはすでに同研究所の九州支所へ異動されていたので、今回は山田文雄《やまだふみお》さんにコンタクトを取り、事情を説明して再訪させていただいた。

整然と標本室に並んだキャビネットには、一体どれくらいの標本が収められているのだろう。果たして海南島産の標本はモグラ以外にもあるのだろうか。

一番隅のキャビネットの最上段から順に引き出しを開けて、すべての標本と付帯するラベルを撮影していく。目的の海南島産の標本以外にも思わぬ発見があった。台湾産のモグラ標本については二〇〇四年の訪問時にすべて観察したはずだったが、1点の標本になんとオーストンのラベルが添付されていたのだ。ラベルには「菊池」という印が押されており、一九〇七年の採集品である。

この頃オーストンが台湾に採集人を派遣していたことは、後にロスチャイルドとの手紙のやり取りで判明する。おそらくそのときの標本だろう。採集人は菊池米太郎という台湾総督府で嘱託職員だった人物である。また、この標本にはもう一枚ラベルが付いており、そちらを見ると、「和名」の欄に「ヒメモグラ」とある。この和名を使用した人物といえば岸田久吉しかありえないことは、本書の冒頭部分に書いた通りである。二〇〇四年に標本観察をしたときは、このラベルの特徴はおろか、オーストンという人物にも到達できていなかった。その後の数年にわたる調査で、ラベルを読み解く力もついたようだ。また記憶というのはいかにあいまいなことか。

そして一つの大型仮剥製標本を手にしたとき、僕は思わずニヤリとした。狙っていたものが見つかったのである。

ラベルには「ハイナンカワウソ」とあるが、学名は「*Lutra cinerea*」と記されているのでコツメカワウソのことであろう。ただ海南島で採集されたものである

森林総合研究所所蔵のタイワンモグラの標本。オーストンラベルにはこのような英語版も散見する。「菊池」印は採集人・菊池米太郎を示すと思われる。

ことは間違いない。ただしラベルはハイナンモグラに付けられたものとは全く異なっていた。各項目などが印字されていない無地の横長四辺形の丈夫そうな紙に、番号・性別・学名・地名・年月日が手書きで記入されている。採集者などは不明だが、採集したのは一九〇八年十一月十六日、場所は「Mt. Wuchi Hainan」とのことであるから、ハイナンモグラの採集年とは二年の隔たりがあるがほぼ同時期のものといっていい。

海南島で捕獲された標本は全部で5点あり、すべて「Mt. Wuchi Hainan」で採集されたものだった。コツメカワウソに加えてジャコウネコ科の不明種が2点、これはそのうちの一方のラベルに採集年月日が記載されており、一九〇八年十二月十二日のものだとわかった。残り2点はオオリスの類で、採集年月日は一九〇六年十一月十七日と十八日なので、まさにハイナンモグラの標本データと一致

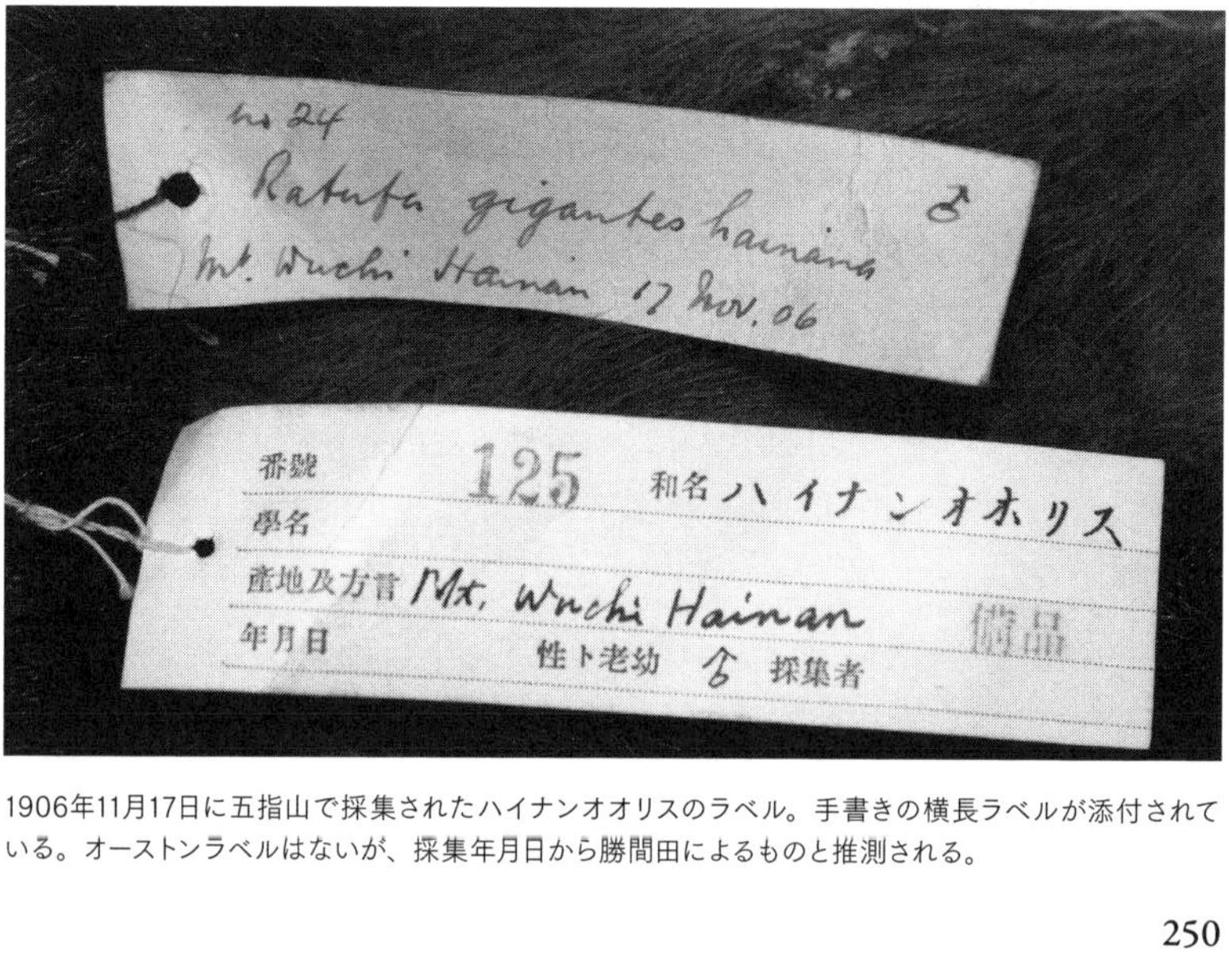

1906年11月17日に五指山で採集されたハイナンオオリスのラベル。手書きの横長ラベルが添付されている。オーストンラベルはないが、採集年月日から勝間田によるものと推測される。

する日付だ。ハイナンモグラと同じコレクションであるはずだが、これは一体どう解釈すればいいのだろう。そんな課題を抱えて、一日で162点の写真撮影を終えた。

これらの海南島標本は、どのような経緯で森林総合研究所に残されたものなのか。僕が調べた資料によれば、一九二一年二月十七日から四月二日にかけての朝日新聞に、オーストンの鳥類標本がアメリカ自然史博物館に買い取られるという記事が3回に分けて掲載されている。日本の博物学の未熟さを嘆く内容が書かれた記事である。このことから、オーストンの死後に残された標本は、一度はアメリカの博物館に売却されそうになったことがうかがえる。しかしほかの資料を見ると、どうやらこの話は没になったようだ。

例えば『三崎臨海実験所を去来した人たち』には、一九二三年の関東大震災の際に関東周辺の研究機関に所蔵されていた標本がどれくらいの被害を受けたかが記されているが、そのなかに、森林総合研究所の前身である農商務省鳥獣調査部に所蔵されていた「完全さを誇っていた鳥獣のオーストンコレクション」が消失したとの記述がある。この記述から、震災前にはかなり多くのオーストン由来標本が存在していたことが推測される。しかし、そのほとんどが消失し、わずかに残されたものがハイナンモグラほか数点だったということだろうか。そのほかにも、一九二九年四月二十四日の朝日新聞夕刊の記事には、横浜の学校に残されていたオーストンの標本が発見され、それを昭和天皇がご覧になったという内容が記されている。

どうやら彼が残した標本は様々な研究機関に寄贈もしくは売却され、細々と引き継がれて現在国内の各地に分散しているらしい。国立科学博物館にもオーストンによる標本は少ないながら残されているし、山階鳥類研究所のデータベースでもオーストンがかかわった標本が多数見受けられた。ハイナンモグラの標本と同じ時期に採集されたものもいくつもあり、そのなかには森林総合研究所で見た謎の手書き横長ラベルが添付されているものもある。その鳥の仮剥製標本には別のラベルも添付されていて、そこには「島津標本店ヨリ購入」と書かれていた。なるほど、つまりオーストンの海南島標本は一部が島津製作所の標本部にも流れて、そこで販売されたものもあるということだ。おそらくこれらの標本にはオーストンのオリジナルラベルが添付されていたと思われるが、どこかの段階で（おそらく島津で）外されてしまい、手書きのラベルに差し替えられたということだろう。

島津製作所の標本部
島津製作所では一八九五年（明治二十八年）に標本部が作られ、一時は理化学器械と並ぶ大きな部門であった。一九四四年（昭和十九年）に閉鎖。

このようにオーストンの標本は様々な経緯で分散し、各地の博物館で一〇〇年の時を超えて残されている。僕はその全貌に迫ることができるだろうか。

未だ謎に包まれたままの標本や資料は、たくさんある。

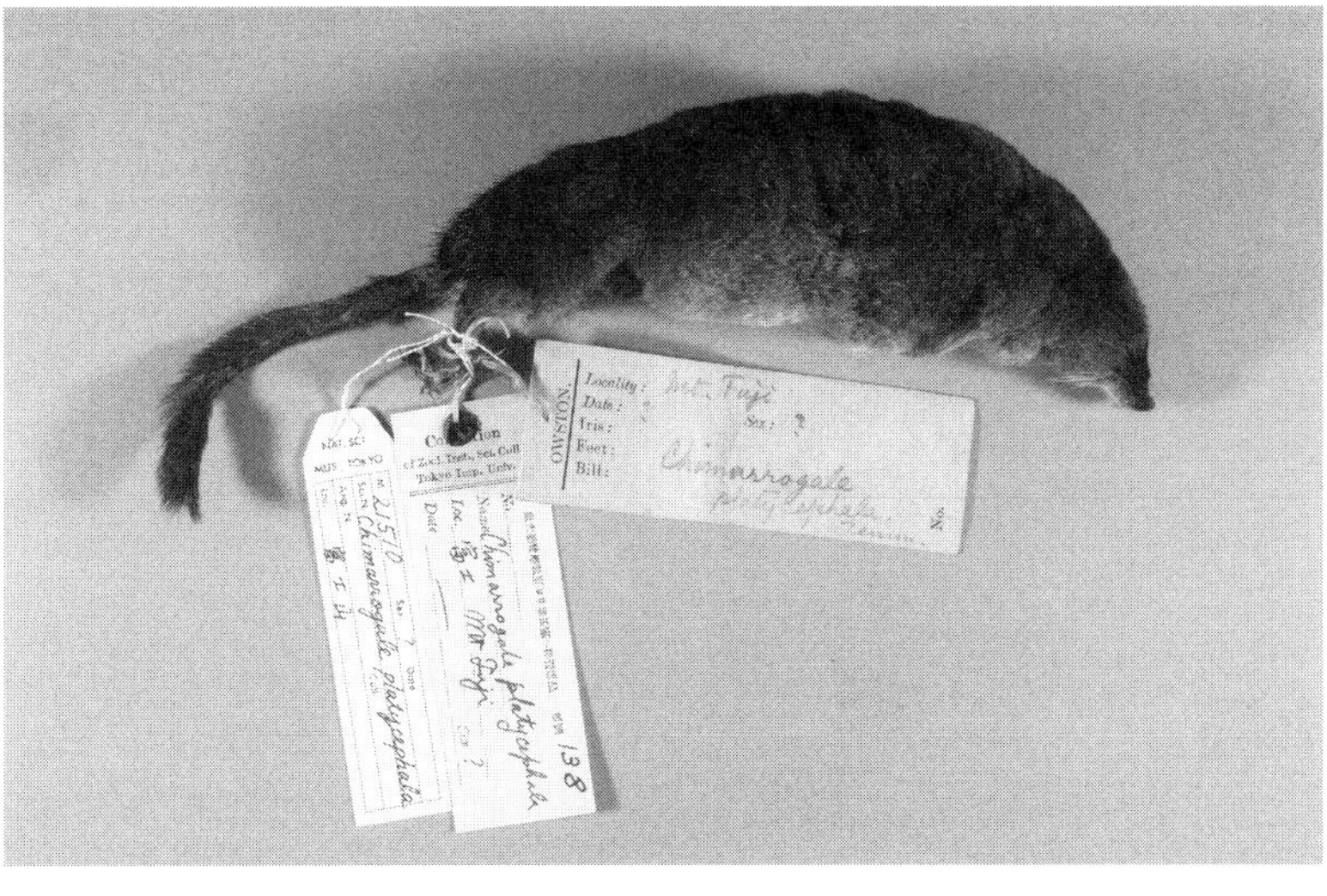

オーストンラベルの別バージョンが添付されたカワネズミの標本。これは1907年頃から使用されたものらしい。国立科学博物館所蔵。

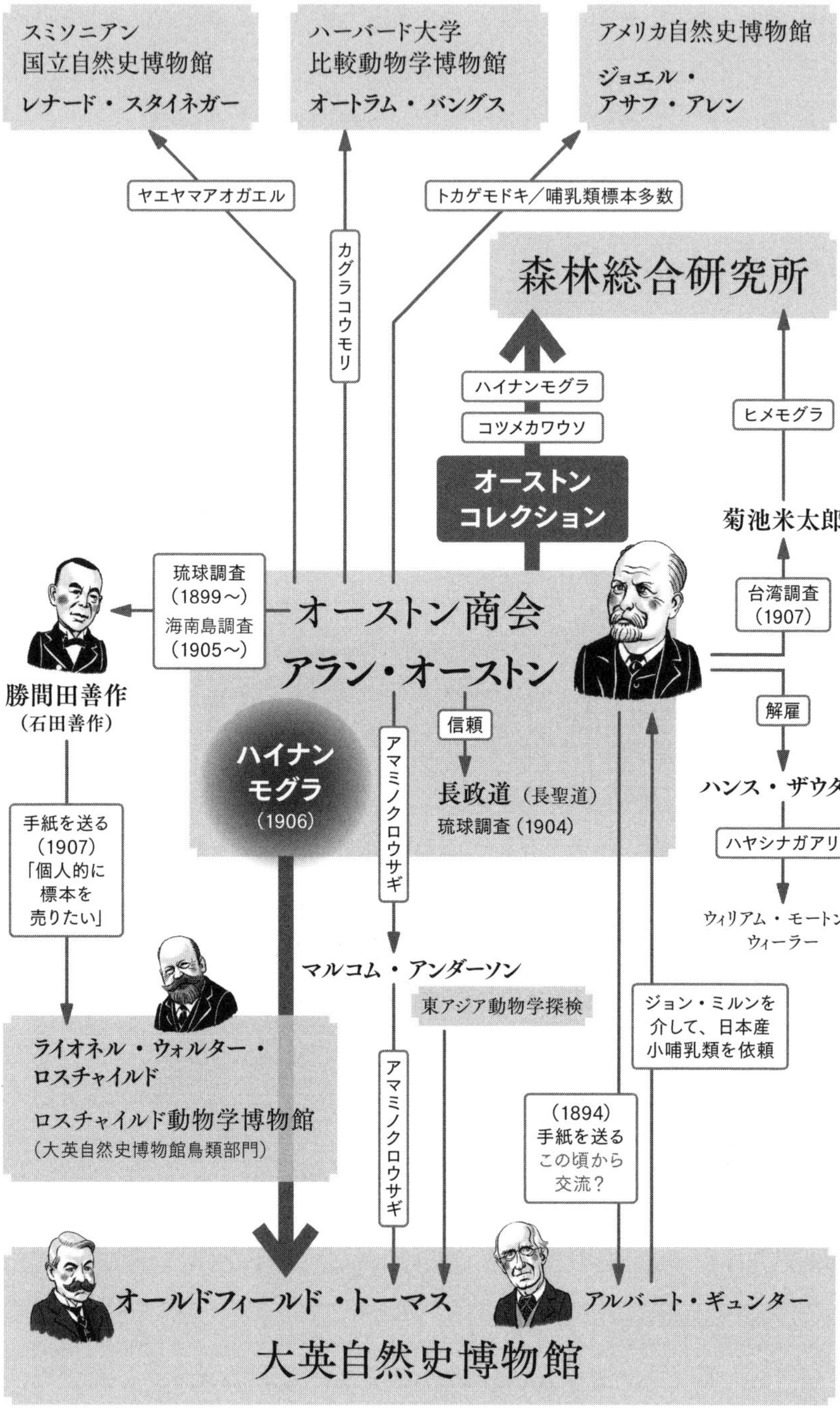

スミソニアン
国立自然史博物館
レナード・スタイネガー
ハーバード大学
比較動物学博物館
オートラム・バングス
アメリカ自然史博物館
ジョエル・
アサフ・アレン
ヤエヤマアオガエル
カグラコウモリ
トカゲモドキ／哺乳類標本多数
森林総合研究所
ハイナンモグラ
コツメカワウソ
オーストン
コレクション
ヒメモグラ
菊池米太郎
台湾調査
（1907）
琉球調査
（1899～）
海南島調査
（1905～）
オーストン商会
アラン・オーストン
勝間田善作
（石田善作）
解雇
ハンス・ザウター
ハヤシナガアリ
ウィリアム・モートン・
ウィーラー
信頼
長政道（長聖道）
琉球調査（1904）
ハイナン
モグラ
（1906）
アマミノクロウサギ
手紙を送る
（1907）
「個人的に
標本を
売りたい」
マルコム・アンダーソン
東アジア動物学探検
ライオネル・ウォルター・
ロスチャイルド
ロスチャイルド動物学博物館
（大英自然史博物館鳥類部門）
アマミノクロウサギ
ジョン・ミルンを
介して、日本産
小哺乳類を依頼
（1894）
手紙を送る
この頃から
交流？
オールドフィールド・トーマス
アルバート・ギュンター
大英自然史博物館

終章

横浜からJR根岸線に乗って山手駅で下車し、背後に見える高台へと歩を進めると、あまり知られていない外国人墓地がある。僕は二〇一六年十一月十三日、初めてこの地を訪問した。駅から上り坂にかかるところにスーパーマーケットがあって、運よく生花も扱っていたので、少しの昼食と花を購入して坂を上り始めた。

この年の三月、オーストンという人物に関する僕の調査は、『山階鳥類学雑誌』に掲載された「アラン・オーストン基礎資料」という総説を執筆することで、ひとまずの完了をみた。総説というものは自身の研究について書かれた一般的な論文とは異なり、それまでに知られている事象をまとめて、今後の研究の礎とする意義がある。僕は歴史には疎い人間であるし、オーストンについてもその人物像をまとめられたものはほとんどなかったので、僕もしくはほかに興味を持った方がさらに調査を進めるうえで役立てられることを主眼として書き置いたものだ。オーストンは一九一五年十一月三〇日に横浜で肺癌のため死去している。ちょうど百周年となる年に「オーストン学」の誕生を記念する意味も込めて執筆した。

僕はこのなかでオーストンが特に鳥類及び水産物に関して、日本各地だけでなく、グアムや台湾、そして海南島、さらには中国の南西部にまで採集人を派遣して、膨大な数の動物を収集し、国内外の研究者に販売もしくは寄贈してきたことをまとめた。さらに自然史的な関心だけでなく、横浜ヨットクラブの創設者の一人としての面、また標本以外のオーストン商会の業務に関することも若干の資料を取りまとめて掲載した。本書で取り扱った海南島のモグラ以外にも、彼は膨大な資料を国内のみならず諸外国に提供・販売し、まだその全貌が見えているとはいえない。まだまだ調査は足りないようだ。

僕がその後継続して調査した内容に、イギリスのセント・アンドリュース大学に所蔵されている、著名な博物学者ダーシー・ウェントワース・トムソンの資料がある。ダーシー・トムソンは『生物のかたち』という有名な本を残しているが、今でも進化発生学の分野では彼の業績が基礎として輝かしく語られる。その彼が一八九六年に来日したことはあまり知られていない。この年、彼はアザラシなど鰭脚類と呼ばれるグループの哺乳類に関する資源量調査をベーリング海で行い、その途中に横浜を訪問して数日間滞在した。このときにオーストンと交流したことが大英自然史博物館での資料調査によりわかったのである。そこでトムソンがかつて教鞭をとったセント・アンドリュース大学に問い合わせたところ、彼のアーカイブにオーストンからの手紙などが残されていることが判明した。これは調査しないわけにはいかないということで、初めてロンドン近郊以外の英国スコットランドへと足を運んだわけである。

その資料はまた新たなオーストンに関する情報を与えてくれた。どうやらオーストンは彼が亡くなる直前の一九一四年頃から、日本を離れてカナダへ移住し、そこで新たなビジネスを始めようとしていたらしい。資料によれば、それまでの動物標本ディーラーとしてのキャリアを生かして、水産関係の採集調査を展開しようとしていたらしいのである。ところが彼はその翌年に死去してしまう。残された家族に関する情報も次第に集まってきた。妻と多くの子息はその後も横浜に住み続けたが、一九二二年より、カナダのバンクーバーに移住したのだという。

オーストンの墓前に立ち、「オーストン基礎資料」を取り出して購入した花とともに添えた。墓の周囲は雑草が茂っており、ひと働き草抜きでもやろうと腰をあげ、作業を始めた。そのとき、なにやら土が盛り上がっているのに気づいた。モグラのトンネルだった。

あとがき

本書は僕の書下ろしとしては4冊目になるが、これまでに書いたものとは大きく異なる内容となった。本来僕は、いつの日かアラン・オーストンという人物の伝記を書きたいと思っていて、しかしながら今の僕ではまだ知識不足ということもよくわかっていた。それならばこれまで彼について調査してきた内容を少し物語風に、そしてモグラという僕の研究対象動物に関する研究の歴史についてもわかるような本として、まとめてみたいと思った次第である。なお本文中にも書いているが、僕は中学・高校と基本的な歴史についてほとんどまともに勉強してこなかったので、誤った解釈や思い込みで書いてしまったところもあるかと思う。この点はご容赦いただきたい。

本書のアイデアが生まれるには、二〇一七年三月から国立科学博物館で行われた「大英自然史博物館展」が一つの契機になったと思う。展示に関連した執筆の依頼がいくつかあり、これまでに勉強してきたモグラの研究史や明治時代に来日した外国人商人の話を書いたところ、それがブックマン社の藤本淳子さんの目に触れて、一冊の本にまとめようという話になった。それにしてもそれから三年半が経過しており、ずいぶん原稿が遅れて迷惑をかけてしまった。藤本さんには各章の相関図まで仕上げていただいた。これは非常によくできているのだが、もしおかしなところがあればそれは僕の文章に責任がある。ブックマン社からは本書が出版される少し前に『標本バカ』という本も出版した。その本でイラストを担当してくれた浅野文彦さんが本書でも引き続き表紙のイラストを描いてくれた。浅野さんにも御礼を申し上げる。

読者のなかには、本書をもう少し掘り下げて理解したいと思われる方があるかもしれない。本書には参考文献を掲載しないが、幸いにも僕は哺乳類学やモグラの研究史についての論文をいくつか執筆したことがある。263ページに示した僕の論文に収録されている参考文献を参照していただければ、およそ事足りるかと思う。

僕が標本とその歴史について興味を持つに至るには、多くの方との出会いが欠かせなかった。大学院時代に僕を標本道へと導いてくれた名古屋大学名誉教授の織田銑一先生、愛知学院大学歯学部の子安和弘先生、また当時僕に博物学や人物史の面白さを教えてくれた岡山理科大学動物学科の小林秀司さん。本書にも登場するが、多くの資料調査を手伝ってくれた千葉県立中央博物館の下稲葉さやかさんと埼玉県本庄市のタコ焼き職人・平田逸俊君。彼らの文献調査能力がなければここまでオーストンの核心に迫ることはできなかったと思う。そして僕の研究室で標本整理を手伝ってくれている長岡浩子さん、福井祐子さん、山際茜さんにも御礼を。

森林総合研究所の安田雅俊さんはハイナンモグラの標本ラベルとの出会いにおいて重要な役割を果たしていただき、また同研究所の山田文雄さんには標本調査の便宜を図っていただいた。北海道大学北方生物圏フィールド科学センター植物園の加藤克さんと山階鳥類研究所の小林さやかさんには本書の内容について多くの情報を提供していただき、また彼らの所属先が所蔵する標本の調査にも御許可いただいた。大英自然史博物館では、ポーラ・ジェンキンスさんには標本調査において、デイジー・カニンガムさんにはアーカイブ調査においてご協力を賜った。多くの所蔵資料を調査させていただいたにもかかわらず、成果があまり発信できていないことには不甲斐ない思いである。そのほか、友国雅章氏、山田格氏、金子之史氏、石井信夫氏、河合久仁子氏、説田健一氏等々多くの方との交流が有益であった。皆様に感謝申し上げる。

多くの方々に協力いただき調査を行ってきたのだが、こうしてまとめてみるとまだまだわからないことだらけであることに気づかされてしまう。アラン・オーストンについての調査は本文中に記した文部科学省科研費（課題番号：23501232）の後にも二度（課題番号：26350373、17K01190）にわたって採択されて継続中である。本書はこれらの助成によって行われた調査に基づいている。科学史的研究に手を染める以前、科研費の申請書類にいくらモグラの生物学的面白さをアピールしても採択されなかった。おそらく歴史的側面から動物学を見る研究テーマが求められているということなのだろう。さらに精進せねばなるまい。

二〇二〇年十月二十六日　川田伸一郎

川田伸一郎

Shin-ichiro Kawada

1973年岡山県生まれ。国立科学博物館動物研究部研究主幹。弘前大学大学院理学研究科生物学専攻修士課程修了。名古屋大学大学院生命農学研究科入学後、ロシアの科学アカデミー・シベリア支部への留学を経て、農学博士号取得。2011年、博物館法施行60周年記念奨励賞受賞。著書に『標本バカ』(ブックマン社)、『モグラ博士のモグラの話』(岩波書店)、『モグラー見えないものへの探求心』(東海大学出版会)、『はじめまして モグラくんーなぞにつつまれた小さなほ乳類』(少年写真新聞社) など。

- Kawada, S. 2005. The historical notes and taxonomic problems of East Asian moles, *Euroscaptor*, *Parascaptor* and *Scaptochirus*, of continental Asia (Insectivora, Talpidae). Mammas Study 30 (Supplement): S5 – S11.
- 川田伸一郎・安田雅俊 2012. 標本をめぐる採集人と貿易商と収集家 —ハイナンモグラのラベルを読み解く—. 哺乳類科学, 52(2): 257-264.
- 川田伸一郎 2016. アラン・オーストン基礎資料. 山階鳥類学雑誌, 47:59–93.
- 川田伸一郎2017. 哺乳類学がなかった時代の日本のMammalogy. 哺乳類科学 57:119–134.

アラン・オーストンの標本ラベル

幕末から明治、
海を渡ったニッポンの動物たち

2020年11月30日　初版第一刷発行

著者　川田伸一郎

イラスト　浅野文彦

デザイン　井上大輔（GRID）

編集　藤本淳子

印刷・製本　凸版印刷株式会社

発行者　田中幹男

発行所　株式会社ブックマン社
〒101-0065 千代田区西神田 3-3-5
TEL 03-3237-7777　FAX 03-5226-9599
https://bookman.co.jp

ISBN978-4-89308-937-3